青少年心理自助文库
气质丛书

大 气

笑而不答心自闲

郝胜男/著

> 轻松把握人生内涵，养成对人宽容、
> 不计较的好习惯，
> 拥有坦然、洒脱的胸怀。

中国出版集团　现代出版社

图书在版编目(CIP)数据

大气：笑而不答心自闲／郝胜男著. —北京：现代出版社，2013.11
（青少年心理自助文库）
ISBN 978-7-5143-1954-5

Ⅰ．①大… Ⅱ．①郝… Ⅲ．①人生哲学－青年读物
②人生哲学－少年读物 Ⅳ．①B821-49

中国版本图书馆 CIP 数据核字(2013)第 276333 号

作　　者	郝胜男
责任编辑	杨学庆
出版发行	现代出版社
通讯地址	北京市安定门外安华里 504 号
邮政编码	100011
电　　话	010－64267325 64245264（传真）
网　　址	www.1980xd.com
电子邮箱	xiandai@cnpitc.com.cn
印　　刷	北京中振源印务有限公司
开　　本	710mm×1000mm　1/16
印　　张	14
版　　次	2019 年 4 月第 2 版　2019 年 4 月第 1 次印刷
书　　号	ISBN 978-7-5143-1954-5
定　　价	39.80 元

P 前 言
REFACE

　　为什么当今一部分青少年拥有幸福的生活却依然感觉不幸福、不快乐？又怎样才能彻底摆脱日复一日的身心疲惫？怎样才能活得更真实、更快乐？我们越是在喧嚣和困惑的环境中无所适从，越是觉得快乐和宁静是何等的难能可贵。其实，正所谓"心安处即自由乡"，善于调节内心是一种拯救自我的能力。当我们能够对自我有清醒的认识，对他人能宽容友善，对生活无限热爱的时候，一个拥有强大心灵力量的你将会更加自信而乐观地面对一切。

　　青少年是国家的未来和希望。对于青少年的心理健康教育，直接关系到其未来能否健康成长，承担起建设和谐社会的重任。作为家庭、学校和社会，不仅要重视文化专业知识的教育，还要注重培养青少年健康的心态和良好的心理素质，从改进教育方法上来真正关心、爱护和尊重青少年。如何正确引导青少年走向健康的心理状态，是家庭、学校和社会的共同责任。心理自助能够帮助青少年解决心理问题、获得自我成长，最重要之处在于它能够激发青少年自觉进行自我探索的精神取向。自我探索是对自身的心理状态、思维方式、情绪反应和性格能力等方面的深入觉察。很多科学研究发现，这种觉察和了解本身对于心理问题就具有治疗的作用。此外，通过自我探索，青少年能够看到自己的问题所在，明确在哪些方面需要改善，从而"对症下药"。

　　目标反映人们对美好未来的向往和追求。目标是一个人力量的源泉、精神上的支柱。一个国家、一个民族如果没有远大的、被大多数人信仰的共同目标，就会形同一盘散沙。没有凝聚力、向心力，哪里还谈得上国家的强盛、民族的振兴？一个人如果没有目标，就会失去精神动力，不可能成为高素质的优秀人才。

理想是人生的阳光，希望是人生的土壤。目标与方向就是选定优良种子与所需成长的营养，明确执行的目标，让一个个奋斗目标成为你成功道路上的里程碑，分秒必争地尽快把一个个目标变成现实。再苦再难也要勇敢前进，把握现在就能创造美好未来！

一个没有方向的人，就如同驶入大海的孤舟，不知道自己走向何方，其前景不容乐观。而有方向的人，就如同黑夜中找到了一盏导航灯。方向是激发一个人前进的动力，也是一个人行动的指针。有方向的人能为美好的结果而努力，而没有方向的人只会在原地踏步，一生也只会碌碌无为。迷茫一族应早日做好自己的人生规划，心中有方向，努力才有目标，人生之路才会风光无限。否则，在没有方向的区域里绕来绕去，最终只会走出一条曲线，或绕了一个圆圈又绕回原点。拥有规划，但还要拥有恒心，即使在艰难险阻下，也要朝着自己设定的方向锲而不舍地前行，切不可半途而废，白白浪费自己的时间。

本丛书从心理问题的普遍性着手，分别记述了性格、情绪、压力、意志、人际交往、异常行为等方面容易出现的一些心理问题，并提出了具体实用的应对策略，以帮助青少年读者驱散心灵的阴霾，科学地调适身心，实现心理自助。

本丛书是你化解烦恼的心灵修养课，是给你增加快乐的心理自助术；本丛书会让你认识到：掌控心理，方能掌控世界；改变自己，才能改变一切；只有实现积极的心理自助，才能收获快乐的人生。

大气——笑而不答心自闲

C目　录
ONTENTS

大气——笑而不答心自闲

第一篇　大气人生之格局

如果把人生当作一盘棋，那么人生的结局就由这盘棋的格局来决定。棋局的赢家往往是那些有着先予后取的度量、统筹全局的高度、运筹帷幄而决胜千里之外的方略的棋手。

有这么一句耐人寻味的话：大事难事，看担当；逆境顺境，看襟度；临喜临怒，看涵养；患得患失，看智慧；做大做小，看格局！很多大人物之所以能成功，是因为他们在自己还是小人物的时候就开始构筑人生的大格局。

中国人有句俗话叫"开眼界"。一个人想要过有价值的人生，就要不断追求更高的境界；想要追求更高的境界，就要拥有大气这种人生的大格局。

何谓格局

何谓格局？**格局就是指一个人的眼界和心胸。**只会盯着树皮里的虫子不放的鸟儿是不可能飞到白云之上的，只有眼里和心中装满了天空大地的雄鹰才能自由自在地在天地之间翱翔！金钱、物质固然重要，可是一个心中只装得下饭碗的人也不会有太大的成就。处世的格局决定了人生结局。别去羡慕别人的叱咤风云，要想有所成就，人生就要有大的格局。

先讲这样一个日本的真实故事：

在一个夏日炎炎的午后，一位想投稿的小青年胆怯地站在某主编办公室的门口，几次想推门进去，又不敢敲门。后来被主编发现，被主编热情地迎进办公室。

主编在看到投稿人画作的一刹那，眼睛亮了一下——这个年轻人的才华和想象力之高超过了主编的预想。很快，主编非常客气地和年轻人就合作的事情达成了共识。

在主编的大力支持下，他的作品很快就在漫画杂志上顺利发表了；他大气磅礴的画风很快被认可。一系列画作发表之后，他在漫画领域逐渐崭露头角。

他本来以为这样一直努力下去就会获得成功，可是日本漫画界竞争的激烈程度远远超出了他的想象。在这个人才辈出的领域里，像他一样有才气肯努力的作者有很多。在这么残酷的竞争环境里，能靠画漫画养活自己就算不错了，更别提成功了。

和梦想比起来，吃饭是一件很现实的事情。为了使自己不至于饿肚子，他不停地改变着自己的风格。什么风格的作品流行，什么作品容易赚钱，他就画什么。这样一来，他的温饱倒是解决了，可是在漫画界奋斗了很久之后，离成功似乎还是那么遥远。而且，跟随流行画风进行创作的人有很多，他随时都可能被别人替代。所以，要想不饿肚子，他就要像机器一样忙个不停，一刻也不敢懈怠。这样的日子一长，他的身心感到了前所未有的疲惫。

这一天，知道他情况不太好的主编特意打来了电话，安慰了他半天后，主编忽然说道："你以前的作品充满了侠骨柔情，但现在我从你的漫画里已经看不到当年的你了。我知道现实生活很残酷，但希望你别丢失了你自己。"和主编通完电话之后，他忽然发现真正的自己已经丢了，现在的自己只是一个疲于奔命、挣扎在温饱线上的可怜人。这几年，他的目光仅仅局限在如何多赚钱以保证自己的稳定生活上。为了这个目的，他患得患失，经常忧虑，不仅钱没赚多少，而且内心早已经被折磨得千疮百孔了。

当一个人的视野和心胸都局限在一个小小的领域里的时候，很难想象他能做出什么辉煌的事业。人生想有大成就，就必须有大格局。

后来，这个年轻人改变了自己思维，再接到新的漫画工作时，他考虑的不仅是如何迎合潮流了，而是考虑如何将漫画画得有灵魂、有内涵、有思想，并且精彩绝伦。他的视野和心胸里承载的再也不仅仅是金钱和虚名了，而是装载了更多对梦想的追逐和对漫画的热爱。以前的他为了能多赚钱，连自己平时的阅读兴趣都放弃了，仅仅关注那些对赚钱有实际利益的资讯，阅读范围变得狭窄了；而现在的他，学习的领域越来越宽，他的品位和内涵逐步提升，人也变得更加稳重大气。

作品往往就是作者的缩影。现在他的作品恢宏大气，让人产生无限的遐想。他知道，这样一来就在很大程度上不能迎合当前的市场了，自己的收入也会大大下降。可是他更认识到，只有画出独特的风格，他才能在竞争激烈的漫画界胜出。前途比金钱更加重要。

就这样，他的坚持取得了巨大的效果，他在自己最擅长的忍者系列漫画里越来越有名气，后来更是凭借着《火影忍者》迅速走红，成为亚洲顶级的漫画家之一。

他就是《火影忍者》系列漫画的作者岸本齐史，一位缔造了传奇的年轻人。他的奋斗经历为很多年轻人提供了宝贵的借鉴。可以这样说，他的成功在很大程度上，是从他的人生有了一个大的格局开始的。

大气——笑而不答心自闲

所谓大格局，就是让自己去拥有开放的心胸，去容纳远大的理想，去设立长远的目标，以发展的、战略的、全局的眼光看待问题。格局于人的重要性如战斗前的排兵布阵，如大厦起建前的结构蓝图，如棋盘对弈前的布局造势，是否极尽壮观、雄浑，就看你的格局是否足够开放博大，有无"天作棋盘星作子"的豪壮气魄，有无"风物长宜放眼量"的远见卓识，有无"龙蛇为存而蛰伏"的人生智慧，有无"任凭风吹浪打，胜似闲庭信步"的宠辱不惊，有无"却被傍观冷笑微"后的淡定自若。

　　对一个人来说，格局有多大，成就就有多大。陈文茜，中国台湾无党籍民意代表、电视节目主持人、作家，台湾知名才女，与李敖、赵少康并称"台湾三大名嘴"，她横跨台湾政治、商业与媒体界，是颇具影响力的风云人物。一次，她在接受白岩松采访时说道："**人生处境最怕格局很小。**"这正是陈文茜的成功秘诀。作为一个女人，陈文茜之所以能在政坛叱咤风云，在生活中如鱼得水，正是源于她的人生格局。

心灵悄悄话

　　人生是短暂的。事业的成功与价值的创造，注注取决于对目标的设定、对烦琐世事的自我解脱和超越。所以，生命中我们想要卓越，要想改变目前平凡的人生，要想获得成功和幸福，要想过得快乐和充实，就要整合当前做人的格局。因为我们有什么样的格局，我们的人生就有什么样的结局！所以说，人生要有大格局。

突破人生格局

如果你没有见过高山，就不知道此地是平原；如果你没有见过大海，就不知道此地是小溪；如果你没见过伟大的人物，就不知道自己有多渺小……

这是一位著名主持人在做某节目时说的一句话，且不论他这句话道理是否深刻，但我们必须承认：**每个人都有属于自己的格局；或大或小的空间是由自己定义的**。格局里反映的就是你对人生的看法与定义。思想指导行为，行为反映价值，价值形成格局，这是物与物之间的对比。

这个格局，并不是某些字典里说的"结构和格式"，而是指人生格局。格和局这两个字在 2000 年前的中文里，意思差不多，都是圈出一块地方，这块地方就是空间。所谓人生格局，就是人生的空间。每个人都有自己的人生空间，但有大有小，空间大的人相对于空间小的人活得会更滋润、得到的会更多。

所以，我们一定要突破自己的人生格局。格局太小的话就要放大。一定要觉得自己也是个很棒的人，以更高一个深度来设定人生目标，所谓的心有多大，能力就有多大。

为什么大格局很重要呢？

在日常生活中，经常会说到"局限"这个词，什么是局限呢？**格局太小，就会为其所限**。但我们要清楚，局限这个东西从来不是别人给你制造的麻烦和困难，而是自己跟自己斗气。因为局太小，你才跳不出去。局限局限，局小则限，局大则避限。只有一个人的人生格局足够大，追求足够高远，才能从心理上摆脱俗世的羁绊，才能在视角上摆脱狭隘，掌握全局，才能真正做到无争而争，从而有所大成。

所以说，**无论你是大人物还是小人物，谁都会有局限。如果你不主动打破人生的格局，你就无法改变你的命运**。因为能持大格局者，能尽人之性，尽人之性则能尽物之性，尽物之性则能参天地之化育，则物与我同一矣。这

大气——笑而不答心自闲

就是说,有大格局的人之所以会成功,天道人道皆相助也。

陈光标就是一位胸有人生大格局的中国企业家。2008年,当汶川地震发生仅仅2个小时,他就开始打的从兰州往灾区出发了。路上调集江苏本部的60台挖掘机、起重机驰援灾区。他自己救出27个人,他的团队救出100多人。后来,陈光标的公司无论到哪一个城市去参加城市改造投标,都百投百中。因为社会大众看到了他的公司有一种精神大格局。只有拥有宽广的心灵和精神大格局的人,才是大企业家,才是具有宽阔胸怀和伟大人格的大写的人;只有这样的人,才有深刻的人生使命感、崇高的社会责任感,才有人格大魅力,才有人间大眼界,才能屹立在社会发展的正前方,赢得世人的敬仰。

所以说,**人生的格局有多大,人生的天空就有多精彩。**

人生大格局不是天生的,要学会放开,学会突破。一个人要怎样突破自己的格局? 要抓住下面最重要的三点:

一是要以长远、发展、战略的眼光来看问题;

二是要以帮助、合作、奉献的态度来交朋友;

三是要以大局为重、不计小利的胸怀来做事。

心灵悄悄话

广义上讲,人生大格局就是磊落坦荡、无私无畏和志存高远的品格;就是不为一时之利争高下,不为眼前小事论短长的气量;就是宠辱不惊,笑看庭前花开花落的风度;就是不管风吹浪打胜似闲庭信步的豪迈。

总而言之,突破人生的格局,就要扩大自己内心的格局,去构思更大、更美的蓝图。格局有多大,事业就会有多大!

做大事不拘小节

凡事当以**"大处着眼小处下手"**为是,这是曾文正公曾国藩的一句话,意在告诫人在考虑和处理问题的时候,既要随时保证大方向的准确性,又要保证做事的时候,对微小细节也要客观、严肃、认真对待,绝不因其小而忽略,潦草。

古今中外,大凡成功者,他们从一开始就从大处着眼,一步一步构筑他们的事业。反之,一个人如果没有格局,那他就做不大,做不大就只能做小,做小当然没有发展,没有发展必定停止,停止肯定就是失败。这就是所说的成功需要格局。大格局才会让你的人生、事业蒸蒸日上。

因为自己平凡的背景,而不敢去梦想非凡的成就;因为自己学力的不足,而不敢立下宏伟大志;因为自己的无知,而不愿打开心扉,去追求更好的生活……这些都是阻碍人生大格局发展的因素,所以我们不能只看眼前,凡事要从大处着眼。

古代军事家诸葛亮曾说过:**治世当以大德不以小惠**。一个有智谋的人,会在别人还只注意小事的时候,就从大处着眼;别人看得近,他会看得远;别人越忙而事情越乱时,他会静下心来,不动声色地把事情自然理顺;在别人束手无策的时候,他会游刃有余,思路深入无声无息的细微之处;他的举动实在出乎一般人的意料之外。如此一来,即使再困难的事情,对于他来说可能都会易如反掌,再多的问题他都可一笑了之。

一个人,一旦沉醉于干大事业,就难免会在小的地方有所疏忽,而一味地在小处着眼的人,则会忘了大的利害,如此一来难免因小失大。可见把握住何事为大,何事为小并非易事。

在一次宴会上,有个人邀请雅典政治家塞米斯托克里演奏竖琴。可是他却说:"我不精此道。我只会将一个小镇发展成一个大城。"虽然他说此话之时的态度极其倨傲,可是这句话却能够很好地说明,他确实是一位做大事的人。

　　孔子曾经被生活所迫,做过各式各样的工作,所以他多才多艺。基于那一些丰富的经历,耗费了他太多的精力,从而在一定程度上阻碍了他在仕途上的发展。

　　所以,我们最好不要将精力放在与自己的奋斗目标没有什么关系的事情上,一个真正的专家,不需要多才多艺,应该专注于本专业的研究,只有这样才有可能有别于甚至超越其他的专家。

　　古往今来,专注于小事而误了大事的人物可以说比比皆是。

　　春秋时的鲁庄公,他能歌善舞,其本领远远超过了"曲有误,周郎顾"的水平,可是身为鲁王之尊的他,却把国家治理得一塌糊涂,民不聊生。后来,国人所写的《蔽笱》一诗就是专门用来讽刺他的。到了南北朝时期,梁元帝萧绎在幼年时聪慧俊朗,天姿超群,5岁时便能口诵《曲礼》,到了6岁时便为父做诗曰:"池萍生已合,林花发稍稠。风入花枝动,日映水光浮。"在他长大成人后,广博群书,下笔如有神,文不加点;军旅书翰,策令诏诰,所有的公文都是自己亲自挥毫,从不借他人之手。他平生著述顾丰,先后撰写《金楼秘诀》《古今同姓名录》《江州记》等书籍四十二种,共计七百多卷。同时他还精通书画,他画的孔子像并题赞语,世称"三绝"。他如改行当艺术家,可能就会名垂后世,然而他却身为皇帝,最终将国家人民带入水深火热的境地。

　　不登高山,不知天之高也;不临深渊,不知地之厚也。这句话说的是人如果长期拘泥于一个小圈子中,就会盲目自大;但若走出去看一看,才知道山外有山,天外有天。

　　因此,**一个人要想做出一番事业,心中就一定要有宏图大略,而不要拘泥于琐碎的日常经营事务之中,更不要沉迷于那些雕虫小技。**

　　曾国藩以方圆谋人生,坚持着这样的信条:定准方向,不把心思花在小事上,抓住根本,抓住主要矛盾,从大局去考虑。因而他的《曾氏家书》中的许多信条被后人奉为圭臬;春秋时的越王勾践,在失败后卧薪尝胆,十年积蓄,一朝灭吴,最终成就立国的大事;韩信不拘于胯下之辱,最终成了西汉的开国功臣;爱因斯坦不拘于衣衫褴褛,提出了相对论……这些成大事者其志不在小,将目标放远,从大局着眼,不拘细末,最终获得成功。

人的精力毕竟是有限的,如果对事情的方方面面平均用精力,就会"胡子眉毛一把抓",就会出现顾此失彼、忙乱的现象,就会"拣了芝麻丢了西瓜",最终导致失败。

心灵悄悄话

古今中外,大凡成功者,他们从一开始就从大处着眼,一步一步构筑他们的事业。反之,一个人如果没有格局,那他就做不大,做不大就只能做小,做小当然没有发展,没有发展必定停止,停止肯定就是失败。这就是所说的成功需要格局。大格局才会让你的人生、事业蒸蒸日上。

大气——笑而不答心自闲

大目标大格局

萧伯纳先生视写作为自己一生最重要的事情,在他还是一名银行出纳员时,就坚持每天写5页稿子的文字。后来在坚持写作的9年当中总共才赚了30元稿费。但由于他一直把写作当成最重要的事情去做,终于成了世界著名的作家。

有的人一生碌碌无为,有的人却出类拔萃。为什么会有这天壤之别?原因便是看他们心中是否有目标,是否有希望在闪烁。有没有渴望进入的殿堂,有没有可以为之竭力拼搏的未来。**要使自己的一生有更高的含金量,留下的是深深的脚印而不是肤浅的过眼烟云,心中就必须装有一个大目标。**

有一部电视剧叫《大青椒红苹果》,是以真人真事编写的。主人公泉子的生活原型,是北京大钟寺农贸批发市场的总经理何德泉。何德泉本来是个地道的农民,年轻力壮,曾经像很多菜农一样,天天蹬着平板三轮车进城卖菜。

后来,他在改革开放中长了见识,增了胆量。看到北京市民吃菜难,他带着伙伴们在大钟寺建起了农贸市场,满足北京市民吃菜的需求。他一心扑在工作上,为建造每一个设施,打开每一条销售渠道,增设每一个服务项目,操碎了心,跑断了腿,磨破了嘴,连家也顾不上。他做买卖追求公平,不做坑人骗人的事,所以赢得了客户的信任,生意越做越大。后来市场天天客流十几万人,成交额几亿元,许多外国商人也闻讯而来。

何德泉从一个农民成了“大老板”,他的心气很高,他曾说:“我要追求的,是更大的目标。一个十多亿人口的大国首都,难道不应该有个领头的、能反映国家经济规模、现代化的农副产品集散地和大市场吗?我的目标,就是干这个,值得我干一辈子。至于个人的进退得失,无足轻重,很无所谓……"

何德泉一步一个脚印，朝着心中的大目标迈进，等待他的必将是成功的喜悦与辉煌。而如果一个人失去了心中的目标，心中没装着一个大目标，又会怎么样呢？

1950年，弗洛化丝·查德威克因为是第一个成功横渡英吉利海峡的女性而闻名于世。两年后，她从卡德林那岛出发游向加利福尼亚海滩，想再创一项前无古人的纪录。那天，海面浓雾弥漫，海水冰冷刺骨。在游了漫长的16个小时之后，她的嘴唇已冻得发紫，全身筋疲力尽而且一阵阵的战栗。她眺望远方，只见眼前雾霭茫茫，仿佛陆地离她还十分遥远。"现在还看不到海岸，看来这次无法游完全程了。"她这样想着，身体立刻就瘫软下来，甚至连划水的力气都没有了。

"把我拖上去吧！"她对陪伴着她的小艇上的人说。

"咬咬牙，再坚持一下。只剩下1英里远了。"艇上的人鼓励她。

"别骗我。如果只剩下1英里，我就应该能看到海岸。把我拖上去，快，把我拖上去！"于是，浑身瑟瑟发料的查德威克被拖上小艇。

小艇开足了马力向前驶去。就在她裹紧毛毯喝了一杯热汤的工夫，褐色的海岸线就从浓雾中显现出来，她甚至都能隐隐约约地看到海滩上欢呼等待她的人群。到此时她才知道，艇上的人并没有骗她，她距成功确确实实只有1英里！她仰天长叹，懊悔自己在即将成功的时候，心中没有将目标装在心里。

的确，**目标能给人以信心、力量，哪怕是在筋疲力尽、希望渺茫之时**！相反，若能给自己一个目标，心里时刻以它来激励人生，或许成功就离得不远了。

生命的存在是离不开阳光、水分和空气的。同理，成功的产生也是与目标分不开的。对于事业上的成功来说，大家的过去和现在是什么样的情况都不重要，因为成功要的是将来，那样的追求才是最重要的、最有价值的。

这就是说，如果想要取得成功，那么心中就必须拥有大的目标。**所谓大目标，就是指要做意义和价值比较大的事，同时考虑更多的人和更多的事，它要求人最大范围地解决问题，并在最大的空间和时间里产生最大影响。**

大气——笑而不答心自闲

因为有了目标就是有了努力的方向,有了努力的方向才能通向成功!

在现实生活中,人生真的并不是如希望的那样一帆风顺,唯有不断地积极进取才不会让自己后悔。看不到未来并不可怕,只要你心中有目标。

如果缺乏一个明确的目标,就是缺乏对人生的一种设计,这也许正是你很少得到提拔与不能赚到更多金钱的原因。美国作家盖尔·希伊出版了一部叫作《开拓者们》的畅销书。他在撰写此书的时候,通过一份内容非常广泛的"人生历程调查问卷",间接地访问了 6 万多个各行各业的人士,发现那些最成功和对自己生活最满意的人至少有两个共同的特点:

第一,他们喜欢有更多的亲密朋友;

第二,他们都致力于实现一个与自身的实际能力所难以达到的目标。

依据盖尔·希伊的研究,这些开拓者们感觉到他们的生活非常有意义,同时还比那些没有长远目标驱使其向前的人更会享受生活。正如西方的一句谚语,"如果你不知道你要到哪儿去,那通常你哪儿也去不了。"

心中有路,脚下才踏实。向着目标勇往直前,相信我们都能幸福。

心灵悄悄话

有的人一生碌碌无为,有的人却出类拔萃。为什么会有这种天壤之别?原因便是看他们心中是否有目标,是否有希望在闪烁。有没有渴望进入的殿堂,有没有可以为之竭力拼搏的未来。要使自己的一生有更高的含金量,留下的是深深的脚印而不是肤浅的过眼烟云,心中就必须装有一个大目标。

鱼和熊掌不可兼得

曾有一个青年向一位富翁请教成功之道。

富翁拿了3块大小不等的西瓜放在青年面前:"如果每块西瓜代表一定程度的利益,你选哪块?"

"当然是最大的那块!"青年毫不犹豫地回答。富翁笑了笑,说:"那好,请吧!"富翁把最大的那块西瓜递给青年,而自己吃起了最小的那块。富翁很快就吃完了,随后拿起桌上的最后一块西瓜,得意地在青年眼前晃了几晃,大口吃了起来。

青年马上就明白了富翁的意思:富翁吃的第一块瓜虽然不比青年的瓜大,最终却比青年吃得多。如果每块代表一定程度的利益,那么富翁占有的利益自然比青年多。

人生是复杂的,有时又很简单,甚至简单到只有获得和放弃。应该获得的,完全可以理直气壮,不该获得的,则当毅然放弃。获得往往容易坦然接受,而放弃则需要巨大的勇气。若想驾驭好生命之舟,每个人都面临着一个永恒的课题:学会放弃,并且要勇于放弃。

在现实生活中,有很多时候,我们发现眼前的利益就是最大和最好的,而等到我们把事情做完后才发现,原来那要耗费那么多的精力和时间。而如果用同等的精力和时间去做别的事情,虽然一下子没有那么大的利益,但是可做的事情却多得多,总利益也比做一件事情来得要多。**人生莫不如此,要勇于放弃眼前的利益,才能获得人生的大收成。**如果只计较于眼前的斤斤小利,将会损失更多更大。记得俄国作家托尔斯泰写过一则短篇故事:

有个农夫,每天早出晚归地耕种一小片贫瘠的土地,但收成很少。一位天使可怜农夫的境遇,就对农夫说,只要他能不断往前跑,他跑过的所有地方,不管多大,那些土地就全部归他。于是,农夫兴奋地向前跑,一直跑,一直不停地跑！跑累了,想停下来休息,然而,一想到家里的妻子和儿女,都需要更大的土地来耕作、来赚钱啊！所以,又拼命地往前跑！真的很累了,农夫上气不接下气,实在跑不动了。可是,农夫又想到将来年纪大,可能需要请别人照顾,需要更多的钱,就再打起精神,不顾气喘不已的身子,又奋力向前跑！最后,他体力不支,"咚"地倒在地上,死了。

的确,人活在世上,必须努力奋斗;但是,当我们为了自己、为了子女、为了有更好的生活而必须不断地"往前跑"、不断地"拼命赚钱"时,也必须清楚有时该是"往回跑的时候了"。

学会可以为一棵树而放弃森林,这也许便是另一种珍惜,更是一种大气。

"鱼,我所欲也;熊掌,亦我所欲也;二者不可兼得,舍鱼而取熊掌也。"当我们面临选择时,我们必须学会放弃。放弃,并不意味着失败。像下围棋一样,放弃一些小小的利益,得到的却是更大的利益。但如果想兼得"鱼和熊掌",恐怕连鱼也得不到了。

在滑铁卢大战中,大雨造成的泥泞道路使炮兵行动不便。拿破仑不甘心放弃炮兵,而如果推迟时间,对方增援部队有可能先于自己的援军赶到,那样后果不堪设想。然而,在踌躇之间,数小时过去了,对方援军赶到。结果,战场形势迅速扭转,拿破仑遭到了惨痛的失败。拿破仑的失败足以证明:**在人生紧要关头,在决定前途和命运的关键时刻,我们不能犹豫不决,徘徊彷徨,而必须勇于决断,敢于放弃。**卓越的军事家总是在最重要的主战场上集中优势兵力,全力以赴去争取胜利,为此可以在不重要的战场上做些让步和牺牲。

同样,在人生的战场,我们必须善于放弃,而把自己的时间和精力倾注在主战场上,不必计较次要战场的得失与荣辱。未来是不可知的,而对眼前的这一切,我们还来得及把握。人生,也就是在这种放弃与珍惜之中得到升华。

成功之道如此,做人又何尝不是如此。乾隆皇帝下江南时,在镇江的金山寺,面对来来往往的船只,乾隆问身边的僧人:这江面上一天有多少艘船只通过呀？那个高僧就告诉他说:只有两艘,一艘为名,一艘为利。芸芸众生，一生都要面对名和利这两条船。**凡人之所以不能获得大利，就是因为凡人只看重眼前的利益，被眼前的利益所囚困，削磨了斗志，沉湎在既得利益的温柔乡里，不思进取，丧失了做人的锐气与闯劲，只在一个层次上徘徊，没有创新，不敢突破。**

由此可知，世间的任何一件事情，都有它的不二法门。不论什么时候，一切急功近利的思想与行为都是短视的，都是非常有害的。人生也有它的不二法门，那就是：做人一定要目光长远，而不要只盯着眼前的一点点利益，要学会朝着目标不停顿地努力，这是做人唯一的选择，也是最好的选择。因为生命没有草稿，年华不容浪费。而实现你人生的最终目标，让理想变成伸手可及的现实，这才是人生最大的利益。

心灵悄悄话

在现实生活中，有很多时候，我们发现眼前的利益就是最大和最好的，而等到我们把事情做完后才发现，原来那要耗费那么多的精力和时间。而如果用同等的精力和时间去做别的事情，虽然一下子没有那么大的利益，但是可做的事情却多得多，总利益也比做一件事情来得要多。

大气——笑而不答心自闲

大小格局大小人生

　　大千世界,芸芸众生,不同的人有着不同的命运。能够左右命运的因素很多,而人生格局的大小,是其中最为重要的因素之一。

　　人生需要大格局,拥有怎样的格局,就会拥有怎样的命运。很多大人物之所以能成功,是因为他们从自己还是小人物的时候就开始构筑人生的大格局。因为格局越大,你的机会就越多。

　　所谓大格局,就是拥有开放的心胸,可以容纳远大的理想,可以设立长远的目标,以发展的、战略的、全局的眼光看待问题。对一个人来说,格局有多大,成就就有多大。**那些想成就大业的人需要高瞻远瞩的视野和不计小嫌的胸怀,需要"活到老、学到老"的人生大格局。**

　　古今中外,大凡成就伟业者,做任何事情,无一不是一开始就从大处着眼,从内心出发,一步步构筑他们辉煌的人生大厦的。霍英东先生就是其中一位。香港著名爱国实业家、杰出的社会活动家、全国政协原副主席……这是围绕在霍英东先生头上的耀眼光环。透过这些光环,我们能清晰地看到一个有着人生大格局、生命大境界的大写的"人"字。

　　霍英东幼年时家境贫寒,7岁前连鞋子都没穿过。他的第一份工作,是在渡轮上当加煤工……贫寒成了霍英东人生起步的第一课。后来,他靠着母亲的一点积蓄开了一家杂货店。朝鲜战争爆发后,他看准时机经营航运业,在商界崭露头角。1954年,他创办了立信建筑置业公司,靠"先出售后建筑"的竞争要诀,成为国际知名的香港房地产业巨头、亿万富翁。他的经营领域从杂货店扩展到建筑业、航运业、房地产业、旅馆业、酒楼业、石油业等。

　　霍英东叱咤商界半个世纪,他懂得如何经商,更懂得如何做人:"做人,关键是问心无愧,要有良心,不要做伤天害理的事……"成为巨富后,霍英东也从未忘记回报社会:"……今天虽然事业薄有所成,也懂得财富是来自社会,应该回报于社会。"他在内地投资、慷慨捐赠,却自谦为"一滴水":"我的捐款,就好比大海里的一滴水,作用是很小的,说不上是贡献,这只是我的一份心意!"

只有拥有人生大格局的人,才能拥有这样博大的"一份心意"。

在阿拉伯国家流传着这样一句谚语:**再大的烙饼也大不过烙它的锅。**这句话的哲理是:你可以烙出大饼来,但是再大的饼,也得受烙它的那口锅的限制。我们所希望的未来就好像这张大饼一样,能否烙出满意的"大饼",完全取决于烙它的那口"锅"——做人的格局,简而言之,我们选择的格局决定了我们的人生。

心灵悄悄话

所谓大格局,就是拥有开放的心胸,可以容纳远大的理想,可以设立长远的目标,以发展的、战略的、全局的眼光看待问题。对一个人来说,格局有多大,成就就有多大。那些想成就大业的人需要高瞻远瞩的视野和不计小嫌的胸怀,需要"活到老、学到老"的人生大格局。

大气——笑而不答心自闲

以天下为己任

温家宝总理在回答《泰晤士报》记者关于他喜欢读什么书、思考什么的问题时，他引用了几句诗词来形容自己是一个怎样的人，其中有一句就是："**身无半亩，心忧天下；读破万卷，神交古人。**"

温家宝总理此言表达了一个大国总理清廉自守，好学不倦，忧国忧民，以天下为己任的博大心胸，道出了一个百姓眼中的官应该具有的民生情怀。

其实，这句话出自晚清重臣、军事家、政治家、著名湘军将领左宗棠 23 岁时写的对联，算是对自己的勉励，也是他一生的写照。

左宗棠生性颖悟，少负大志。5 岁时就随父到省城长沙读书。他不仅攻读儒家经典，更多的则是经世致用之学，对那些涉及中国历史、地理、军事、经济、水利等内容的名著视为至宝。左宗棠学习刻苦，成绩优异，1832 年，他参加在省城长沙举行的乡试中举，但此后 3 次赴京会试，均不及第。后来左宗棠出佐湘幕，初露峥嵘，引起朝野关注，时人有"天下不可一日无湖南，湖南不可一日无左宗棠"之语。

林则徐认定将来"西定新疆"，舍左君莫属，特地将自己在新疆整理的宝贵资料全部交付给左宗棠。林则徐对左宗棠十分器重，两人曾在长沙彻夜长谈。同治五年三月，左宗棠在福州寓所为儿女写家训时，写的也是这副联语，希望"儿辈诵之，志趣故不妨高也"。这就是左宗棠的玄孙女、全国政协委员左焕琛谨记在心的"祖训"。

这副对联，可以说是左宗棠对自己所做的两个定位。

其一，当时的左宗棠虽然贫穷到娶不起老婆的地步，但他年轻气盛，自命不凡，以天下为己任，极想一举登上仕途，施展抱负。"心忧天下"四个字，说明他把自己定位于经世之才。

其二，他要"神交古人"，表明自己要做中国优秀传统文化的忠实继承者。

左宗棠抱负虽大，但一纸功名压得他无法翻身。婚后接连科场失意，他被迫对自己前途的定位有所修改。他不想"神交古人"了，而是绝意辞章，集中精力，钻研经世致用之学，一心一意储备实用的学问。他关心社稷安危，悉心钻研地理，探讨国防问题，不断加深对中国大西北的了解，形成了远大的政治眼光。

左宗棠之所以饿着肚皮还要心忧天下，是因为他和同时代的有识之士一样，认识到了晚清政治的衰败，他在试图寻找挽救国家衰颓命运的途径。

左宗棠认真研究对付英国侵略军的战守机宜，写出了六篇军事策论，这六篇策论颇有见地。左宗棠把这些文案寄给老师贺熙龄，希望能够上达朝廷，有利于前方作战。可当时清廷被投降派把持着，谁会听从一个乡村塾师的意见呢？因此贺熙龄也爱莫能助，只能为左宗棠报国无门而惋惜。

左宗棠在清廷上层找不到知音，便能把一腔热血充注到诗句中。他一气写成了四首《感事诗》，抒发胸中的愤懑。他说，"和戎自昔非长算，为尔豺狼不可驯。"意思是，对付掠夺成性的侵略者，卑躬屈膝的求和态度，绝不是可行的策略。他还说：**"书生岂有封侯想，为播天威佐太平。"**他告诉大家，林则徐和邓廷桢等民族英雄抗击英国侵略的行为，并不是为了享受"封侯"的荣华富贵，而是出于爱国爱民的一片赤诚。

左宗棠虽然报国无门，但通过他的努力，自己的生活毕竟有了一定的改善。他坐馆教书，当起了教书匠，每年有二百两银子的收入。他省吃俭用，把这些钱积攒起来，在湘阴东乡的柳家冲，买了七十亩地。他亲自设计规划，建造了一座小庄园。园内有稻田，有坡地，还有水塘。他在屋门前的门楣上亲自题署了"柳庄"二字，以五柳先生陶渊明自比，表明了他要隐居山野的志向。他高兴地说道："我左宗棠总算有个家了！"

1847、1848两年，湘阴连发大水，大批灾民从洞庭湖和湘江沿岸逃来，每天有两千多人经过柳庄，不少人在路上病死或饿死。左宗棠每天煮几大锅稀饭，施舍给饥民；还亲手配制药物，免费给灾民服用，救活了不少人。

为了建设小范围的和谐社会，左宗棠搞了个救灾基金，名叫"仁风团积谷仓"，其中储备的粮食，用来救济灾民。左宗棠还支持孤儿院，捐出两千两

大气——笑而不答心自闲

银子,给家乡的育婴会提供经费。左宗棠搞了个"希望工程":捐出田产,兴办义学会。然后,他在本地推广农业技术,兴办义茶会,推进技术革新,把安化的茶种移植到湘阴,教大家采用新的栽培技术,培育名茶。直到今天,湘阴的茶园依然旺盛,乡邻受益匪浅。他还兴办敬老院,当时名叫"养老会"。

那个时候,左宗棠全家饿病,四壁空空,男呻女吟,但他为了救灾,仍四处奔跑。他经常光顾当铺,把家中稍微值钱的东西全拿去典当,以维持生计。他还要经常找那些有钱的人家,劝他们拿钱赈灾。在这样的忙碌中,他也算找到了生命的意义。

后来听到太平军打进湖南的消息,左宗棠很惊讶。再后来,他架不住大家的劝说,终于决定前往长沙应聘,加入巡抚张亮基的幕府,这是他第一次出山。当时已年届40,尚无一官半职。他能够出来参与一省军政事务的决策,最直接的原因,就是太平军兵临湖南省会。时势造英雄这句话,在左宗棠的命运中,再次找到了它的注脚。

左宗棠一生自视甚高,常以诸葛孔明自诩。他虽才高八斗,却为人刚直矫激、狂大孤傲。就心理学而言,左宗棠是自负型人格的典范,其突出特征为:自信、自许、锋芒毕露、不随波逐流等。左宗棠无论是对亲朋好友,还是对同僚故旧,都十分坚持己见,说话也时常毫不留情。这令许多人对他敬而远之。按理说,**自负是人格的缺陷,也是自信的误区**。但左宗棠的自负可用"三不"来概括——不屈权贵、不惧洋人、不怕困难。这"三不"秉性给左宗棠的早年生活带来了诸多坎坷,却给他的晚年事业带来了辉煌。

心灵悄悄话

温家宝总理说自己"身无半亩,心忧天下;读破万卷,神交古人",表达了一个大国总理清廉自守,好学不倦,忧国忧民,以天下为己任的博大心胸,道出了一个百姓眼中的官应该具有的民生情怀。

大视野大格局

所谓眼界,是指人的见识广度;所谓境界,是指人的思想、情操所达到的程度或层次。站得高才能看得远,看得远才能做得好。**眼界越宽广,境界越高,这就是眼界决定境界。**

生活在同一个世界,从呱呱坠地那一刻起,我们就用双眼观察着这个世界。随着年龄的增长,阅历的丰富,我们逐渐明白:人有多大的眼界,便会有多大的追求和梦想,不同的眼界决定了人不同的境界。

自古文人士大夫犹爱登高作赋。杜甫有诗云:"**会当凌绝顶,一览众山小。**"明代徐渭叹曰:"**八百里山河知是何年图画,十万家灯火尽归此处楼台。**"登高而观,眼界开阔,方能遍览山河美景,激发胸中恣意的豪迈之情,留下一句句千古绝唱,令人叹服。

孔子登东山而小鲁,登泰山而小天下,开阔的眼界能让人对事物有更全面的理解,孕育更博大的胸怀。

如果一个人拥有了开阔的眼界,便能博古通今,融会贯通,达到博而更专的境界。只有具备了开阔的眼界,才不会死抱一隅之见,方能从学问的全境出发,达到更高远的境界。

李嘉诚曾说:"眼睛仅盯住自己小口袋的是小商人,眼光放在世界大市场的是大商人。同样是商人,眼光不同,境界不同,结果也不同。"这句话说明了一个道理:**眼界广者其成就必大,眼界狭者其作为必微。**

有这样一个故事:

美国的一个摄制组,想拍一部关于中国农民生活的纪录片。于是他们在中国某地农村找到了一位种柿子的农民,说要买他1000个柿子,谈好的价钱是30美元。这位农民高兴地答应了。他找来一个帮手,一人爬到柿子树上,用绑有弯钩的长竿拧柿子,下面的人就负责把草丛里的柿子捡到竹筐里。一旁的美国人将这一场景全都拍了下来,又拍了他们储存柿子的过程。

美国人付了钱却不拿柿子就离开了,农民在背后摇摇头,说:"没想到世界上还有这样的傻瓜!"

那位农民不知道,美国人拍摄的他们采摘和储存柿子的纪录片,拿到美国去可以卖更多的钱;也不知道,在那几个美国人眼里,更值钱的是独特有趣的采摘、储存柿子的过程。

记得还有一则寓言,说得更有意思:

唐太宗贞观年间,长安城西的一家磨坊里有一匹马和一头驴子。马到处跟着主人拉货,驴子则在屋里没完没了地转圈子推磨。贞观三年,这匹马被玄奘大师选中,出发经西域前往印度取经。17年后,这匹马驮着佛经回到长安,它到磨坊会见驴子这个老朋友。老马谈起这次旅途的经历:"浩瀚无边的沙漠,高入云霄的山岭,凌峰的冰雪,海的波涛……"那些神话般的境界使驴子听了神往惊叹:"你有多么丰富的见闻呀!那么遥远的道路,我连想都不敢想。"马说:"你的眼界就是只围绕着这座破磨,而我的眼界则是五湖四海啊!"

读了这两个故事,让人深有感触,眼界不同,境界的差异竟是如此之大!

翻开历史可以看到,沈括一部《梦溪笔谈》,天文、地理、算术、医药包罗万象,且叙述精当,见解独到,被称为"中国科学史的里程碑"。马克思,不仅在政治和哲学上有杰出贡献,在数学上也颇有建树。真正的大师大抵如是,他们涉猎广泛,底蕴深厚,究天人之际,成一家之言。

纵然我们可能无法成为大师,但开阔的眼界对提高个人的修养亦是大有裨益的。多元的知识背景,能让我们看问题不拘泥于一处,以更豁达开明的态度,看得更全,走得更远……

同理,**如果一个国家拥有了开阔的眼界,便能在比较之下清楚地看到自身的优势与劣势,便能孕育出更博大的胸怀吸取各方之所长,从而完善自我、发展自我**。从清末的魏源"开眼看世界"到我国改革开放至今取得的重大成果,这一走向全球、融入世界的过程开阔了中国人的眼界;西方的先进技术和民主理念也使我们古老的国度焕发出了年轻的光彩。

当我们走出国门看到国外城市的井然有序、一尘不染,难道不会为国人的一些陋习感到羞愧吗? 知耻近乎勇。在人们的共同努力和自我约束下,我国的国民素质已得到了很大的改善。奥运会、世博会的召开使我们与世界的联系更加紧密,宽容友好的国际意识深入人心,随着眼界的开阔,相信我们的国民会逐渐具备那种大国的胸襟和气度,我们的国家也会发展得更加成熟。

所以说,眼界决定境界,贵在"广博"。无论是个人的修养,还是国家的发展,绝不能做"井底之蛙",不妨像苍鹰那样振翅高飞,遍览无限风光吧!

"江海不与坎井争其清,雷霆不与乌雀争其声。"这就是说,眼界的大小决定了人成就的高低。江海之所以浩瀚无际,雷霆之所以引动暴雨,都在于它们知其当为,眼界开阔。没有长远的目光,再有本事的人也会变得平庸。

人生的命运由眼界而定。我们要敢于放眼全球,胸怀世界,不应妄自菲薄,故步自封。迈开步子,奋勇前行,迎接你的或许是酸甜苦辣、荆棘坎坷,但你最终将取得属于自己的灿烂,必将拥有如星空斑斓的成就。

心灵悄悄话

生活在同一个世界,从呱呱坠地那一刻起,我们就用双眼观察着这个世界。随着年龄的增长,阅历的丰富,我们逐渐明白:人有多大的眼界,便会有多大的追求和梦想,不同的眼界决定了人不同的境界。

大气——笑而不答心自闲

大格局大舞台

心有多大，世界就有多大。心是人的主宰，具有很大的力量。

人生如戏，每段人生都是一幕不一样的戏。无论长短，都有开场、高潮、闭幕。在别人生命中，我们注定是个配角，装点着别人的故事，点缀着他人的心情。对于那些故事的主人公，我们起不了决定性的作用，只能或多或少地影响他们。但在自己的生命中，每段场景都以自我为中心，所有的存在都以自己为坐标，自己是独一无二的主角。**只要心有多大，舞台就会有多大，世界就有多大。**

曾听说过一个禅宗的故事：

弟子问师傅："师傅啊！您看人的年华都差不多，我们的身材也差不多，为什么说有的人心大，有的人心就小呢？"

师傅说："你现在把眼睛闭上，用你的心给我造一座城池，然后讲出来给我听。"这个弟子就闭上眼睛，想啊想啊，想了一座巨大的城池，宫墙高万仞，护城河深深，在那个城中，平台楼阁、花草树木不亦而丛。他自己想得纤毫毕现，很大很大的一座城，然后娓娓道来，一点一点描述给师傅听。

师傅听完不动声色地跟他说："你现在再用你的心给我造一根毫毛。"他又闭上眼睛想啊想啊，造了细细的一根毫毛在那里。他说："我也造好了。"

这时候师傅问他："刚才你给我表述了那么大的一座城池，那完全是你自己的心造出的吗？"

徒弟说："当然是啊，那么大的一座城，您看又没有人提醒我，就是我自己想啊想啊，想到那么大的。"

师傅又问："那你刚才又造了那么小的一根毫毛，用的是你全部的心吗？"

弟子说："当然也是用全部的心啊，我在想那毫毛的时候也不能想到别的嘛。"这句话一说出口，他就顿悟了，人心真有大小之分。这个大与小不是物理意义上的一种考量，而是我们的心能记载多大的事情。

如果一个人想要在这个世界上建立城池，用三两年去修座桥，再用三五年去修座房子，一直去做，一直在建立，那么你的心就会无比的辽阔，什么小沟小坎都过得去。但是，如果你因为朋友之间的几句口角或误会被绊住了，或者仅仅是一级工资没有涨上去，一级职称没有评上来，就被这些事情绊死在那里，那就是一根毫毛能够绊住全部的心。**人心就是如此，心大心小决定了我们面对世界的是什么态度。**

某电视台采访一位环卫临时工，他诉说着生活的艰辛，但他的开朗、真诚的笑始终挂在脸上。他没有一天休息日，工资仅为900元，妻子没有工作，以捡破烂来贴补生活，孩子正在念小学。他对待这份工作的态度让我们佩服。他会把自己负责的垃圾站打扫得干干净净，垃圾袋码得整整齐齐。他没有属于自己的家，一家三口寄居在一个车库里，床是家里唯一的家具，随时都得给人家腾地方，不知下一个家会安在哪里。但他心中有希望，脸上有笑容，他的世界是快乐的，生活的艰辛并没有剥夺他快乐的自由。这就是说，他的心是大的，他的世界也是大的。

相反，有一个女人，她丈夫有好的职业，儿子高大健康，相对来说她衣食无忧，但她却不快乐。因为她看到这家有大房子了，那家有车了，这家孩子考上"一本"了，而自己家孩子才考上"二本"，不断地攀比使她觉得自己处处不如人。她总拿自己的弱项去与别人比，就觉得悲观失望，感觉生活一片黑暗，以致陷入痛苦不能自拔的境地，只能靠安眠药支撑……其实想想：人活在世上多么不容易，也就三万天左右，何苦再让虚荣来迷惑你的心，干扰你的生活，何不不让自己的心大一点！

如果没有双臂，你会做什么？如果失去了一条腿，你能走多远？如果只有一只眼睛，你的世界又会怎样……这些不幸的人生假设，台湾传奇画家谢坤山都遇到了。16岁那年，他因触高压电而失去了双臂和一条腿，后来又在一次意外中失去了一只眼睛。然而，就是这样一个看似极端不幸的人，却成了全台湾家喻户晓的快乐明星。他的故事被拍成了电视剧，美国《读者文摘》杂志也用十几种语言向全世界的人们介绍他的事迹和经历。

反过来，一个人的成就有多大，那么他的心也就有多大。说白了，一个

人是否有远大的理想,也就决定了他的未来能否走上辉煌。

没有理想抱负的人,就好比井底的青蛙,只看见井口那么大的天空,只感受到井底那么大的空间,永远也不会看到无限的世界,永远也不会感知到世间的精彩。

下面,再给各位讲一个故事,相信从这个故事中,大家会有所启示。

从前,有三个兄弟,他们从小就非常的能干,父亲为此感到很骄傲。眼看三个孩子快要长大成人了。这一天,父亲把三个儿子都喊到了身边,说:"你们也都不小了,各自都应该有自己的理想了吧!今天,就来谈谈你们自己的理想吧!"

听了父亲的话后,老大说:"我将来想当一名厨师。"老二接着说:"我将来想当一名建筑师。"父亲听了老大、老二的理想后,笑着点了点头,随后又看向老三,只见老三双眉紧锁,一副思考的样子。父亲便问老三:"你的呢?"老三经过反复思忖后,坚信地说:"我要当上世界上最著名的服装设计师,让所有人的衣服都是从我手中设计出来的!"父亲听后,赞许地笑了。

几年后,他们都实现了自己的梦想。老大、老二都分别成了厨师与建筑师,不过,他们只是再普通不过的工作者了。而老三,不仅实现了自己的理想,全中国的人都认识他;不仅中国,就连外国的人也慕名赶来请求他为自己做衣服。老三真的就如他所说,当上了著名的服装设计师。

因此,不论在什么样的环境中,只有树立雄心壮志,才能干出一番轰轰烈烈的事业。有了崇高的目标,就会产生进取心,奋发图强。有了雄心,就会点燃激情,乘风破浪前进。

心灵悄悄话

没有理想抱负的人,就好比井底的青蛙,只看见井口那么大的天空,只感受到井底那么大的空间,永远也不会看到无限的世界,永远也不会感知到世间的精彩。确立远大理想的人,就好比长出了一对坚硬有力的翅膀的雄鹰,在搏击风雨中不畏惧艰险,勇往直前,跨越巅峰,飞向世界的最高处。

第二篇　大气人生之包容

　　包容、宽恕是大气之人的心胸；慈悲、涵养是大气之人的特质；尊重、理解是大气之人的品格。面对是非对错，大气之人会一笑而过。这是一种洒脱、一种风范。正是因为大气之人面对得失对错能坦然处之，他们的人生便少了一些沉重，多了一些轻松，少了一些烦恼，多了一些惬意，少了一些钩心斗角，多了一些融洽祥和。

　　与人相处，要懂得包容，要做到：忍一着，退一步。但是这并不代表可以无原则地退让，当我们的尊严受到恶意蔑视、无理践踏时，一定不要妥协，要坚决地维护自己的尊严。与人相处要不卑不亢，要用自己的人格去征服对方。

包容你的邻居

俗话说:"**千金买地,万金买邻**。"说明邻居和睦相处的重要性。邻里之间为一些可以小事化了的鸡毛蒜皮之事而闹矛盾非常不值得。彼此大气一些,多一些尊重理解、宽容赏识,便会风平浪静、和睦融洽。

邻里之间,低头不见抬头见,因为芝麻大的一点小事伤了和气很不值得,有句话说得好,**"远亲不如近邻"**。所以,邻里之间应该宽容一些,这样于人于己都方便。

邻里之间一笑泯恩仇是处世的智慧。俗话说:"千金买地,万金买邻。"说明邻居和睦相处的重要性,它直接关系到能否让自己的生活舒心的问题。

李先生到城里打工,在一个居民小区租了一套房子。刚住进来,因为不熟悉周围的环境,李先生经常把从家里提出的垃圾袋随手丢在楼道口。有一次,被住在一楼的邻居看到,邻居批评他不讲卫生,他不服气,跟人家大吵了一架。住得时间长了,李先生发现在小区附近有个垃圾点,邻居们都往那里扔垃圾。李先生意识到跟邻居吵架错在自己,但也没打算跟邻居赔礼道歉。

就这样,又过了几个月。一天,李先生家厨房的水龙头坏了,要换坏了的水龙头,先要关闭楼里自来水阀门。李先生跑到楼道门口,找到自来水井,揭开井盖,看到五六个阀门。"哪个才是自来水阀门?"李先生自言自语。正当李先生一筹莫展时,身后一个人说了话:"最里面的那个阀门是自来水阀门。"李先生回头一看,原来是住在一楼的邻居。关了阀门之后,邻居又从家里拿来工具帮他换了水龙头。

这位邻居可以说是一个大气之人,虽然上次的争吵错在李先生,但是当李先生遇到困难之时,他却不计前嫌,主动伸手帮助,这让李先生很感动。当天晚上,李先生就到邻居家,为自己以前的过错道歉,两人握手言和。现在,李先生跟这位邻居常来常往,还成了好朋友。

居家过日子,邻里之间难免有摩擦。你的音响吵得我无法休息,我倒脏水溅湿了你的鞋子,孩子划了人家的爱车,老人被邻居丢的香蕉皮滑倒……是因为这些小事形同陌路,反目成仇,还是宽宏大量,化干戈为玉帛,也是一个人处世的智慧。

心灵悄悄话

生活中邻里之间出现矛盾纠纷,邻里关系的恶化,伤害的不仅是感情,损耗的还有时间、精力、金钱与健康等。而实际上,邻里之间也多是一些可以小事化了的鸡毛蒜皮之事,只要彼此大气一些,多一些尊重理解、宽容赏识,就会风平浪静、和睦融洽的。

大气——笑而不答心自闲

包容你的爱人

夫妻每天朝夕相处，难免会因一些小事而产生矛盾。这时，夫妻要站在平等的地位上，经常与对方调换角度思考问题，那么很多矛盾都能够得到谅解、理解和化解，彼此僵持的局面就会很快冰释。

"千年修得同船渡，百年修得共枕眠。"两个原本陌生的人，因为那冥冥之中的缘分而走到了一起，从此共同面对风雨人生，手牵着手，一路同行。这是非常难得的，应该倍加珍惜。这个道理谁都懂，但是夫妻每天朝夕相处，难免会因一些小事而产生矛盾。本来这也没有什么大不了的，但是如果两个人都爱较真，非要在这件事情上分出个对错输赢，事情就会越闹越大，甚至难以收场。

其实，**在婚姻上，不是双赢就是双输，一赢一输，其实是不存在的。**当然，这并不是说没有起码的是非，而是说，从感情角度而言，企图分出输赢是不可能的。家庭生活中，有些事情无法以是与非论之，而是靠彼此的感情调节。你要赢对方，必然同时亦让对方赢你。你认了输，对方亦就立刻输了。从这个意义上说，输就是赢，双输也就双赢。

真正的爱情对男女双方来说，并不是谁是谁非的问题，彼此爱的成功与失败，其责任都得由双方共负。

一位妇女愤愤地说："我后悔结婚！那无休止的争吵，我已经筋疲力尽了。我的性格是轻易不服输的，而他居然与我一样，也从不让人，所以就没完没了地吵。譬如他认为下班回到家中，应该享受温馨气氛。可是他又不是不知道，我八小时下班回家，在厨房里又继续上班，哪有什么兴致去培养温馨气氛。这时候就得吵，他说我不像一个妻子，我说职业妇女中，没有一个真正的贤妻良母。他就举报刊上的例子，我就举身边的例子，结果谁也赢不了谁，便怄气，晚饭常常吃不安生。还譬如，有时候我累得要命，他却异想天开，说晚饭后到闹市区去逛逛，看场电影，可我却只想睡觉。这时，准得吵。到头来他肯定不会再有兴致去看电影。可不看就不看呗，却窝在家里与我斗气，结果又是两败俱伤——我们都说理，都引经据典，都就近取例，企图说服对方，可最后老是分不出输赢。"

其实，夫妻双方在矛盾冲突时争个输赢是很愚蠢的，又没有听众和观众，无非是为了自尊。是不是"输"了就被践踏了自尊呢？仔细想来，并不是。两个人因为相爱才走到一起，所以不会存在一方轻视一方，或轻易践踏对方自尊的问题，所以不必不知疲倦地争个输赢。绝对地说，在爱情领地里，不是双赢就是双输。因为你也许能够在某个问题上驳倒和战胜对方，但也许同时"输"了爱情，这是无法勉强的。所以许多夫妻上法院闹离婚，说来说去也说不出是非。其实哪里是是非问题呢，分明是感情问题。有了爱情，那些"问题"全都不成问题了……

心灵悄悄话

夫妻之间，要心胸宽广、能够互相体谅，倘若彼此狭隘，斤斤计较，得失观念太重，生活是难得太平的。大气一些吧，对爱人的过失宽容一些。爱人之间不是为了在一场争吵中分个高低胜负，而是帮助对方认识过失和改正过失，今后不再发生类似的过失。只有这种妥善的解决办法，才能在一方有过失的时候，仍保持夫妻关系的和谐，保证爱情更长久。

大气——笑而不答心自闲

包容你的同学

同学朝夕相处,因见解不同、利益纠纷等,难免会有一些矛盾和摩擦。作为一个聪明人,你应该学会用宽容把这种摩擦降到最低限度,构筑和谐的人际关系。

同学有矛盾和摩擦,这种情况下最好的解决办法不是争出个是非高下。因为即使自己胜利了,也会破坏同学间和谐的合作关系,给自己带来不必要的麻烦。那么,如何缓解同学问剑拔弩张的局面呢? 最好的办法就是宽容,最好做到以下几点:

1. 原谅犯错的同学。

如果同学在生活中出现了错误,即使连累到你,也不要随便指责他,更不要当众侮辱他。虽然理亏在对方,你也不必得势不饶人。你应该耐心听取对方解释,只谈现在的问题,就事论事。这样才能显示出你容人的胸怀。

因为当你愤怒时,不免偏颇,对别人也就不公平。何况,你不可能耳听八方,眼看千里,所以别人的解释你应该考虑,且有助于你了解同学的生活情况和他所以出错的原因。

另外请只针对事,不要针对人。即使对方已明白是自己的错,你也不能说:"你为何那样做?"而是要让自己的口气柔和一些:"这办法的效果不够理想,下一次我们不妨这样做……"

给做错事的同学一个承担责任的机会,但要用鼓励的口吻:"我明白你很难过,但你不妨这样做……"然后冷静、清楚地把你的要求告诉同学,并跟他一起研究解决死结的方法。所谓"一人计短,二人计长",让犯了错的同学也有合计的机会,他的内疚感自会大减,也不会责怪你发脾气,而且有助于找出理想的解决方式,从而赢得事情的转机。

2. 避免与同学争吵。

佛祖说,不能以仇解仇,而应以爱消恨。误会是不能靠争吵消除的,要想化解它,只能靠和解的愿望和理解对方的真诚心愿。

有一次,林肯斥骂一个年轻军官,原因是他同自己的一个同事进行了激烈争吵。林肯说:"任何一个想有所作为的人,都不应在和人争吵上浪费时间,这不是说他不应该发火,而是说在重大问题上,如果你感到你和对方都正确,那你应该让步;在枝节问题上,即使你明明知道对方不对,你也应该让步。"

实际上,在争吵中是没有胜者的,即使你在争吵中占了上风,说到底还是你失败了。因为你伤了对方的自尊心,他为此肯定大为恼火,即使他被迫放弃了自己的观点,心中也是百般的不服气。

说服某人并不意味着同他争论。本杰明·富兰克林说:"如果你与人争论和提出异议,有时也可能取胜,但这是毫无意义的胜利,因为你永远也不能使对手心悦诚服。"

3.忘记同学的过错。

古人云:"人之有德于我也,不可忘也;吾有德于人也,不可不忘也。"别人对我们的帮助,千万不可忘记;反之,别人倘若有愧于我们的地方,应该乐于忘记。

不念旧恶是一种宽容,对人对己都有好处。况且在许多情况下,人们误以为"恶"的,又未必就真的是十恶不赦,伤天害理。

退一步说,即使对你构成了伤害,对方若心存歉意,诚惶诚恐,你不念旧恶,以礼相待,进而对他格外开恩照顾,也会使他弃恶从善,"立地成佛"。

4.巧妙化解讨厌的情绪。

没有人会比有坏习惯的人更令人讨厌了,而每一个让人讨厌的家伙都有一两种坏习惯,而且本人并不知自己的坏习惯给人的感觉很糟糕。也有的人即使知道自己的坏习惯,也不会积极地去改进。而他们的坏习惯一旦有人提出,他们就会像是伤了自尊心般地说:"多管闲事!"

如果你非常介意他咬手指或双脚不停抖动的坏习惯时,千万不要直接提醒他,以防他恼羞成怒。

你不妨以敲山震虎的形式,婉转地告诉他。

譬如,你可以说:"我父亲有不停抖动双腿的习惯,而且摇得很厉害,因此吃饭时即使发生地震,也不易察觉到。"这样,你用玩笑的口吻说出,不只是容易出口,也不会伤到彼此间的感情,而且对方也可以坦率地接受。

5. 对新来的同学要宽容更要帮助。

班级中,总有一些同学,会对新转进来的同学存有一点戒备心。如果你用挑剔、苛刻的态度来对待新人,那么你就会与新同学的关系越闹越僵,对学习、对你自己都是毫无益处的。

心灵悄悄话

同学有矛盾和摩擦,这种情况下最好的解决办法不是争出个是非高下。因为即使自己胜利了,也会破坏同学间和谐的合作关系,给自己带来不必要的麻烦。那么如何缓解同学间剑拔弩张的局面呢? 最好的办法就是宽容。

包容你的敌人

"同行是冤家"。中国这句古话是对手之间关系的真实写照。对手之间,常常是势不两立,一方为了击败另一方,真是机关用尽,手段用绝,一旦分出胜负,胜者一方志得意满,不可一世,而落败一方,嫉妒、不服写满脸上,他们哪里还会为对手叫好呢?

有人曾经说过这样的话:**"要感谢你的对手,因为他的存在,你才会不断变得强大。"**所以,对于对手,我们要豁达一些,不要总是充满敌意,而是要满怀感激,要肯为对方的精彩表现大声叫好。

1991年11月3日夜,美国大选揭晓。当选总统克林顿在他的支持者们的聚会上发表即席演说,先是言辞恳切地感谢昨天还在互相猛烈攻击的主要政敌布什,感谢布什从一名战士到一位总统期间为美国做出的出色服务,并呼吁布什和另一位对手佩罗及其支持者与他团结合作,在他未来四年执政期间,在全面振兴美国的大变革中继续忠诚地服务于祖国。

对自己的对手竟能表现得如此大气,克林顿无疑又赢得了很多人的尊敬。而远在异地的布什在这一点上也毫不逊色,虽然竞选失败,但是布什仍大度地拿起电话,祝贺克林顿成功地完成了"强有力的竞选",他还调侃地告诫克林顿:"白宫是个累人的地方。"并保证他本人和白宫各级人士将全力以赴地与克林顿的班子合作,顺利完成交接工作。

竞选的成功与失败,对布什和克林顿这两个对手来说,欢乐与悲哀都是不言而喻的,但在现实面前,两个对手保持了高度的理智,为双方的成绩表现了超然的风度。这种大气让人不能不深感佩服。

在竞争场上,对手之间为了赢得胜利,不可避免地要进行一番你死我活的较量,但是不管竞争如何激烈,他们还是能够做到对待彼此,大气为先。

大气——笑而不答心自闲

亚历山大和大流士在伊萨斯展开激烈大战，大流士失败后逃走了。一个仆人想尽办法逃到了大流士那里，大流士便询问自己的母亲、妻子和孩子们是否活着，仆人回答："他们都还活着，而且人们对她们的殷勤礼遇跟您在位时一模一样。"

大流士听完之后又问他的妻子是否仍忠贞于他，仆人的回答仍是肯定的。于是他又问亚历山大是否曾对她强施无礼，仆人先发誓，随后说："陛下，您的王后跟您离开时一样！亚历山大是最高尚和最能控制自己的英雄。"

大流士听完仆人这句话，双手合十，对着苍天祈祷说："啊！宙斯大王！您掌握着人世间帝王的兴衰大事。既然您把波斯和米地亚的主权交给了我，我祈求您，如果可能，就保佑这个主权天长地久。但是，如果我不能继续在亚洲称王了，我祈祷您千万别把这个主权交给别人，只交给亚历山大，因为他的行为高尚无比，对敌人也不例外。"由此，我们可以看出，亚历山大已经用自己的大度、大气让大流士折服。

一位成功人士说：**"为竞争对手叫好，并不代表自己就是弱者。为对手叫好，非但不会损伤自尊心，相反还会收获友谊与合作。"**为对手叫好是一种美德，你付出了赞美，得到的是感激。为对手叫好是一种智慧，因为你在欣赏他们的同时，也在不断提升和完善自我；为对手叫好是一种修养，为对手赞美的过程，也是自己矫正自私与妒忌心理、培养大家风范的过程。

在生活中学会忘记仇恨。人人都有不足，事事都有缺憾。但是瑕不掩瑜，只要我们忘记仇恨，不刻意追求完美，我们就会从中发现自己喜欢的东西，从而拥有丰富而美好的真实生活。

有句话叫作："君子报仇，十年不晚。"在武侠电视剧中，反映这一内容的题材屡见不鲜。为了杀掉仇敌，复仇者必定是要练就勾践卧薪尝胆之功夫，每时每刻用深仇大恨来鞭策自己练功，把报仇雪恨当作自己的人生唯一目标。在这一过程中，复仇者饱受着这种痛苦的折磨，但是在手刃仇人之后，却感觉到莫大的失落，甚至觉得自己多年来时刻将仇恨铭记在心，并为之不懈的努力不太值得，不知道这样做的意义究竟是什么？也有人对无休无止的江湖恩怨产生了厌倦，发出了这样无奈的感叹：冤冤相报何时了？

那么，怎样才能了结这种无奈的状况呢？最好的解决办法就是：忘记仇恨。

有一个动不动就仇恨别人的人，觉得生活很沉重，便去见哲人，寻求解脱之法。

哲人给他一个篓子背在肩上，指着一条沙砾路说："你每走一步就捡一块石头放进去，看看有什么感觉。"那人照哲人说的去做了，哲人便到路的另一头等他。过了一会儿，那人走到了头，哲人问："有什么感觉？"那人说："越来越觉得沉重。"哲人说："这也就是你为什么感觉生活越来越沉重的道理。当我们来到这个世界上时，每人都背着一个空篓子，有的人每走一步都要从这世界上捡一样东西放进去，所以才有了越走越累的感觉。如果你想过得轻松些，你就要学会舍弃一些不必要的负担。而你的仇恨是你最大的负担，要想快乐，你必须学会忘记仇恨。"

在生活中学会忘记仇恨，你便能明白许多道理。世界由矛盾组成，任何人或事情不会尽善尽美。无论是"患难之交""亲朋好友"，还是"金玉良缘""模范丈夫"，都是相对而言。他们的矛盾、苦恼常被掩饰在成功的光环下，而掩盖的工具恰恰是忘记仇恨。不必羡慕人家，不要苛求自己，常用宽容的眼光看世界，事业、家庭和友谊才能稳固和长久。

北宋名臣范仲淹，人们都知道他以"先天下之忧而忧，后天下之乐而乐"的胸襟光耀史册，但人们也许不知道，他还是个善于忘记仇恨的人呢！

景祐三年，范仲淹任吏部员外郎。当时，宰相吕夷简执政，朝中的官员多出自他的门下。范仲淹上奏了一个《百官图》，按着次序指明哪些人是正常的提拔，哪些人是破格提拔；哪些人提拔是公，哪些人提拔是私。并建议：任免近臣，凡超越常规的，不应该完全交给宰相去处理。被吕夷简"指为狂肆，斥于外"，贬为饶州知州。

康定元年，西夏王李元昊率兵入侵，范仲淹被任命为陕西经略安抚副使，负责防御西夏军务。

这时，仁宗下谕让范仲淹不要再纠缠和吕夷简过去不愉快的事。范仲淹说："我过去议论的都是关于国家的大事，对夷简本人并没有什么怨恨。"

吕夷简听说后，深感愧疚，连连说："范公胸襟，胜我百倍！"

大气——笑而不答心自闲

忘记仇恨就是忍耐同学的批评、朋友的误解，过多的争辩和"反击"实不足取，唯有冷静、忍耐、谅解最重要。"退一步海阔天空"说的就是这个道理。

忘记仇恨就是快乐，忘记仇恨就是潇洒，忘记仇恨还是爱他人、爱世界的一种方式。人人都有不足，事事都有缺憾。但是瑕不掩瑜，只要我们忘记仇恨，不刻意追求完美，我们就会从中发现自己喜欢的东西，从而拥有丰富而美好的真实生活。

心灵悄悄话

为对手叫好是一种美德，你付出了赞美，得到的是感激。为对手叫好是一种智慧，因为你在欣赏他们的同时，也在不断提升和完善自我；为对手叫好是一种修养，为对手赞美的过程，也是自己矫正自私与妒忌心理，从而培养大家风范的过程。

包容犯错之人

　　人心都是肉长的,面对犯错之人,指责和责罚很可能使他在歧路上越走越远,而慈悲之心则会使其彻底悔改,心向善道。用自己的慈悲之心去感化他人,是有高尚修养的人的一贯做法。

　　以德报怨是君子之风,以德报怨是气度的表现,而能以德报怨的人必然是一个心胸博大、道德高尚的人。

　　有一对夫妇,在住处的附近开了一家食品店。家里有一个漂亮的女儿。无意间,夫妇俩发现女儿的肚子无缘无故地大起来。这种见不得人的事,使得她的父母震怒异常! 在父母的一再逼问下,她终于吞吞吐吐地说出"白隐"两个字。

　　她的父母怒不可遏地去找白隐理论。但这位禅师不置可否,只若无其事地答道:"就是这样吗?"孩子生下来后,就被送给白隐。此时,他的名誉虽已扫地,但他并不以为然,只是非常细心地照顾孩子——他向邻居乞求婴儿所需的奶水和其他用品,虽不免横遭白眼,或是冷嘲热讽,他总是处之泰然,仿佛他是受托抚养别人的孩子一般。

　　事隔一年后,这位没有结婚的妈妈,终于不忍心再欺瞒下去了。她老老实实地向父母吐露真情:孩子的生父是在鱼市工作的一名青年。她的父母立即将她带到白隐那里,向他道歉,请他原谅,并将孩子带回。

　　白隐仍然是淡然如水,他只是在交回孩子的时候,轻声说道:"就是这样吗?"仿佛不曾发生过什么事;即使有,也只像微风吹过耳畔,霎时即逝。

　　白隐为了给邻居的女儿以生存的机会和空间,代人受过,牺牲了为自己洗刷清白的机会,受到人们的冷嘲热讽。但是他始终处之泰然,"就是这样吗?"这平平淡淡的一句话,反映了白隐的修养之高、道德之美。白隐禅师用

大气——笑而不答心自闲

自己的忍耐和慈悲感化了少女。

面对少女无中生有的栽赃嫁祸，白隐禅师淡然处之，并忍受着别人的无端指责、刻意嘲讽，尽心尽力照顾孩子。直到少女说出真相，他始终没有为自己辩驳一句。他在用自己博大的胸怀包容那个犯错的少女。终于，他的慈悲和宽容，让那位少女良心发现，说出了事实真相，还了自己清白。

从白隐禅师身上，我们可以感受到他胸怀的大度和做人的大气。

三国时的王烈用自己的慈悲之心感化了一位盗牛人，使他从此弃恶从善。

三国时北海人王烈，只是一个普通的读书人，并没有做官，但在老百姓当中，却具有很高的威望。

有一个人偷了别人的一头牛，被失主捉住了。盗牛人说："我一时鬼迷心窍，偷了你的牛，今后绝不再干这种事。现在，随便你怎样处罚都行，只求你不要让王烈知道了。"

有人把这件事告诉了王烈，王烈立即托人赠给盗牛人一匹布。

有人问王烈："一个做贼的人，很怕你知道，你反而送布给他，这是什么道理呀？"

王烈说："做了贼而不愿意让我知道，这说明他有羞耻之心。既然知道羞耻，就不难转变。我送布给他，就是为了激励他改过从善。"

一年以后，有一天，一位老人挑着重担，正在艰难地赶路，忽然遇见一个人，对他说："你的年纪大了，挑这样重的担子，怎么受得了呀？我来替您挑吧！"

这个帮助老人挑着担子走了数十里，到了老人家门口，把担子放下，不告诉姓名就走了。后来，还是这位老人，在赶路时丢失了一把宝剑，被一位过路人发现了。为了避免让人任意取走，过路人便留下来看守，等待失主。待老人去寻剑时，发现那位守剑的人，正好又是上次替他挑担子的人。

那老人十分感动，拉住他的手说："你上回代我挑担，连姓名也不肯告诉我，现在你又路不拾遗，坐等失主，你真是个仁人君子啊！这一次，你一定要把姓名告诉我才是。"那人只好把姓名告诉了老人。老人听后，心想：地方上出了这样一位好心人，应当让王烈知道。于是便去告诉王烈。王烈听后，很受感动。他说："惭愧啊！世上有这样好的人，我却没和他见过面。"随即设法打听，原来竟是从前的那位盗牛人。王烈不禁大吃一惊，十分激动地说："一个人受了感化以后，改过从善的程度真是不可限量啊！"

对于犯错之人，以慈悲之心对待他、包容他，那么他就会为自己以前的行为而后悔，在这种情况下，他会对理解自己的人心存感激，从而痛下决心，洗心革面，做好人，行善事。如此，世间便少了一个坏人，多了一个好人，这样的好事，何乐而不为呢？

对犯错的人，包容比惩罚更有效。

做人要有大的胸怀和度量，尤其是想做大事的人。倘若你以大的胸怀和度量宽容对方，便给了他们自觉改正错误的时间与空间，这是严厉指责所达不到的。

宽容是人与人之间交往的落脚点，它给别人留下了适当的空间，使彼此之间能融洽相处。

一天晚上，一位老禅师在禅院里散步，忽然发现墙角边有一张椅子，他一看就知道有位出家人违犯寺规越墙出去溜达了。这位老禅师也不声张，他走到墙边，移开椅子，就地蹲着。一会儿，果然有一位小和尚翻墙，黑暗中踩着老禅师的脊背跳进了院子。

当他双脚落地的时候，才发觉自己刚才踏的不是椅子，而是自己的老师。小和尚顿时惊慌失措，木鸡般地僵立在那里，不知道说什么才好。但是，出乎小和尚意料的是，老师并没有厉声责备他，只是以平静的语调说："夜深天凉，快去添一件衣服。"

老禅师宽容了他的弟子。他知道，此时此刻，小和尚一定知错明过，那就没有必要再饶舌训斥了。以后，老禅师也没有再提起这件事情，可是禅院里所有的弟子都知道了这件事。从此以后，再也没有人夜里越墙出去闲逛了。

这就是老禅师的度量，他给犯过错的弟子提供了冷静反省的空间，从而使其幡然醒悟，自戒自律。从这个意义上来说，**宽容也是一种无声的教育。**

其实，包容犯错之人不仅给了他一次改过的机会，同时也体现了你做人的博大胸怀和度量。

大气——笑而不答心自闲

公元前606年,楚庄王率领军队一举平定了斗越椒的反叛,天下太平。楚庄王兴高采烈地设宴招待大臣,庆祝征战胜利,并赏赐功臣。

文武百官都在邀请之列,只见席中觥筹交错,热闹异常。到了日落西山,大家似乎还没有尽兴。楚庄王便下令点上烛火,继续开怀畅饮,并让自己最宠幸的许姬来到酒席上,为在座的宾客斟酒助兴。文武官员都已经喝得差不多了,见到许姬的美貌,便忍不住多看几眼。

突然,外面一阵大风吹来,宴席上的烛火熄灭了。黑暗之中有人伸手扯住许姬的衣裙,抚摸她的手。许姬一时受到惊吓,慌乱之中,用力挣脱,不料正抓住那个人的帽缨。她奋力一拉,竟然扯断了。她手握这根帽缨,急急忙忙走到楚王身边,凑到大王耳边委屈地说:"请大王为妾做主!我奉大王的旨意为下面的百官敬酒,可是不想竟有人对我无礼,乘着烛灭之际调戏我。"

楚庄王听后,沉默不语。许姬又急又羞,催促他:"妾在慌乱之中抓断了他的帽缨,现在还在我手上,只要点上烛火,是谁干的自然一目了然!"说罢,便要掌灯者立即点灯。

楚庄王赶紧阻止,并且高声对下面的大臣说:"今日喜庆之日难得一逢,寡人要与你们喝个痛快。现在大家统统折断帽缨,把官职帽放置一旁,毫无顾忌地畅饮吧。"

众大臣见大王难得有这样的好心情,都投其所好,纷纷照办。等一会儿点烛掌灯,大家都不顾自己做官的形象,拉开架势,尽情狂欢。后来人们都管这场宴会叫"绝缨会"。

许姬对庄王的举措迷惑不解,仍然觉得委屈,便问:"我是您的人,遇到这种事情,您非但不管不问,反而还替侮辱我的人遮丑,您这不是让别人耻笑吗?以后怎么严肃上下之礼呢?妾心中不服!"庄王笑着劝慰说:"虽然这个人对你不敬,但那也是酒醉后出现的狂态,并不是恶意而为的。再说我请他们来饮酒,邀来百人之欢喜,庆祝天下太平,又怎么能扫别人兴呢?按你说的,也许可以查出那个人是谁。但如果今日揭了他的短,日后他怎么立足呢?这样一来,我不就失去了一个得力助手吗?现在这样不是很好吗?你依然贞洁,宴会又取得了预期的目的,那人现在说不定也如释重负。"许姬觉得庄王说得有理,考虑得也很周全,就没有再追究。

两年后,楚国讨伐郑国。主帅手下有一位副将叫唐狡,毛遂自荐,愿意亲自率领百余人在前面开路。他骁勇善战,每战必胜,出师先捷,很快楚军就得以顺利进军。庄王听到这些好消息后,要嘉奖唐狡的战绩。唐狡站在庄王面前,腼腆地说:"大王昔日饶我一命,我唯有以死相报,不敢讨赏!"

楚庄王疑惑地问:"我何曾对你有不杀之恩?"

"您还记得'绝缨会'上牵许姬手的人吗? 那个人就是我呀!"

试想,假如当初楚庄王大发雷霆,当着众人的面,找出冒犯许姬的唐狡,对他严加斥责抑或是重重惩罚,不仅唐狡会怀恨在心,其他大臣也会变得战战兢兢,一场宴会必以扫兴收场,更为重要的是,在两年后的楚国和郑国的战争中,也就没有了唐狡的英勇表现。

楚庄王对臣子的不敬隐忍宽恕,这是因为他明白谁都有可能犯错,有时候,对于犯错之人,包容要比惩罚更有效。

心灵悄悄话

做人之所以要有大的胸怀和度量是因为生活中可以用来计较的烦琐小事太多,如果没有足够大的胸怀去包容,做人不够大气,精力必将被这些小事所牵绊,还怎么去专注大事、成就大业呢!

大气——笑而不答心自闲

包容也是一种智慧

"量小非君子"。气量狭小的人算不上是真正的君子，可见自古以来人们对人的心胸、气量是非常看重的。

在为人处世中，如果小肚鸡肠，一点小事也会记恨，为别人的一句无心之言而气上许久，这样气量狭小的人自然不会有什么好人缘，也就不会成就什么大业。

宽容是诚实为人的美德，是友善、明智的体现，它不仅对你的社交具有很大的价值，而且对你的事业的成功具有不可估量的推动作用。

三国时东吴有一个叫张昭的老臣，虽然在孙策死时曾委大任于他，但他最终因为自己气量狭隘而未能拜相。

有一次孙权大宴群臣，让诸葛恪给大家敬酒。诸葛恪就给大臣们一一敬酒，斟到张昭面前时，张昭已经醉了，就推辞不肯喝。诸葛恪仍劝他再喝一杯，张昭不高兴地说："这哪里是尊敬老人！"

孙权故意给诸葛恪出难题，说："看你能不能让张公理屈辞穷把酒饮下，不然这杯酒你就得喝了。"

于是，诸葛恪对张昭说："过去师尚父九十岁，还能披坚执锐，领兵作战，不言自己已老。现在，带兵打仗，请您在后，而喝酒吃饭，请您在前，这怎么能说是不敬老呢？"张昭无话可说，只能把酒喝了下去，但是从此就记恨上了诸葛恪。

有一天，孙权和诸葛恪、张昭等大臣在大殿中议事，忽然一群鸟飞到大殿前，这些鸟的头部是白色的。孙权不知道这是什么鸟，就问诸葛恪："你知道这鸟叫什么名字吗？"诸葛恪不假思索地回答："这种鸟叫白头翁。"在座的诸位大臣中张昭年纪最大，又是一头白发，他以为诸葛恪是在借机取笑自己，就对孙权说："陛下，诸葛恪在骗人！从来没有听说过叫白头翁的鸟。如果真有白头翁,那是不是应该有白头母呢?"

诸葛恪立刻反驳道:"鹦母这种鸟,大家一定都听说过吗?如果依老将军的话,那一定还有鹦父了,请问老将军能打到这种鸟吗?"张昭顿时无言以对。

甘宁自降东吴以后,急于立功,于是请求征黄祖、取刘表,并自请任先锋。孙权觉得可行,准备实施。

张昭却不同意,甘宁很不高兴,反唇相讥,对张昭很是不敬,后来孙权出面为二人解了围,但明显地站到了甘宁一边。后来,孙权果然令甘宁为先锋征黄祖,并大获全胜。

由于张昭气量狭小,不仅很多将领和他不睦,即使是吴主孙权也不喜欢他。

其实,像张昭这样的人在现实生活中为数不少。

因为他们的气量狭窄,心胸狭小,所以他们大多是孤家寡人,很少有人愿与之交往。

一个人要想在社交的王国里叱咤风云,就要有大度的胸襟、非凡的气量。相反,如果你度量狭小,嫉贤妒能,误以为自己聪明至极,非同一般,而对他人百般挑剔,眼中容不下任何人,心中容不了任何事,那必然失去人心,最终失去事业。

迈克尔·乔丹现在是举世闻名的篮球飞人,但在他小时候,他却曾是一个总被人欺负的"胆小鬼"。迈克尔小时候长得又高又壮,他母亲生怕他会成为学校的"小霸王",就对他严格要求,告诫他千万要与人为善,要学会忍耐。母亲的教诲很有成效。

学期结束的时候,教师在他的成绩单上写下这样的评语:"迈克尔是个优秀的孩子,但他应该学会维护自己的权益。他虽然比别的孩子更高更壮,但别的孩子就是敢欺负他、推他,甚至打他。"母亲惊讶之后是伤心,怎么会是这样的结果呢?

父亲问他挨打的感觉,他流着泪说:"我感觉非常不好,我非常讨厌他们叫我'傻瓜',讨厌他们推来推去,更讨厌他们叫我胆小鬼。"停了一会儿,他又说:"我真想狠狠地揍他们,但我知道这样做,妈妈会生气的。"父母静静地聆听着迈克尔的诉说，然后平静地对他说："你不必揍他们，可以通过其他的方式让他们知道你不能再忍受他们的欺负。比如争取自尊，比如树立自信。"迈克尔擦着眼泪，点了点头。

有一天，迈克尔的父母被老师叫去学校。母亲着急地问老师，是不是迈克尔在学校打了架。老师说，没有。原来迈克尔与孩子们在篮球场上打球，那几个经常欺负他的孩子便设法戏弄他，但迈克尔没有像往常一样站在那里忍受，而是叫他们停止，但他们不听，迈克尔只好把其中两个紧紧抱住，但并没有打他们。

后来，迈克尔和两个孩子都各自承认了自己的错误，并握手言和。从此，再也没有人故意伤害他的自尊心，他成为班上最受欢迎的人。在以后的日子里，迈克尔不仅再也没有被人推来推去，而且成了无数球迷崇拜的英雄。

也许，我们每一个人都有类似迈克尔·乔丹小时候的遭遇，此时有人会建议我们忍让，也有人会叫我们还击，而事实上，生活的内容远非如此简单。因为就人与人之间来说，重要的不是忍让，不是争斗，而是相处。

要与人和谐相处，不是牺牲自己的尊严，不是委曲求全来博得别人的好感，那样会被人看成是窝囊废，会遭受别人的欺凌，和谐相处也就成了一句空谈。**与人相处要不卑不亢，有理有节，要用自己的人格去征服对方。**

生活中，我们做人要大气，应该与人为善，但也不能因此而放弃维护尊严的权利。不要太过敏感，不为一些小事生气，但同时要把握忍耐的限度，把二者协调起来，你就会充满力量，将个人修养提升到新的高度。

大度更能赢得爱人的心。

情侣之间相处，除了爱，还要有大度的胸怀。因为大度能让亲密的两人世界留有空间，使男女双方得以和谐相处。

电视剧《京华烟云》中，姚木兰的丈夫和曹丽华产生了感情，姚木兰知道后，虽然很是伤心难过，但是对丈夫，甚至是破坏她家庭的第三者曹丽华，表现出来的却是宽容大度。她能做到这一点确实不容易，难怪连曹丽华都称赞她：不愧是京城第一才女。最后，曹丽华还和木兰夫妇成了好朋友。姚木兰用自己超人的智慧和气度挽救了这个家庭，这才是才女的风范。现实生活中，有这样遭遇的人大有人在，但是真正能有几个女人可以表现出姚木兰这样的气度和胸襟呢？

　　遭遇爱人背叛，很多人感觉精神似乎要崩溃了，既恨又无奈。但是，这时要努力让自己冷静下来。如果自己很在乎对方，不想失去他（她），哭闹、指责只能加剧彼此感情的破裂，所以最好的办法就是用宽容、大度来挽回他（她）的心。

心灵悄悄话

　　自古以来，人们对人的心胸、气量是非常看重的。在为人处世中，如果小肚鸡肠，一点小事也会记恨，为别人的一句无心之言而气上许久，这样气量狭小的人自然不会有什么好人缘，也就不会成就什么大业。

大气——笑而不答心自闲

包容所有该包容的

天底下只有一种能在争论中获胜的方法，就是避免争论。其实，得饶人处且饶人，不事事求胜。**不事事求胜也并不意味着你毫无进取之心，它是一种以退为进的计谋。不事事求胜，是为了更好地求胜。**

其实，很多人因为面子缘故，心里知道错了，但因怕失面子，嘴上不肯承认。所以，**我们要善于给人台阶，保全其面子，从而获得更融洽的人际关系，这不能不说是一种胜利。**

争强好胜者未必能掌握真理，而宽厚谦和的人，往往是一个不与人争小是小非的人，他们把出人头地看得很淡，他们的肚量能容天下。

俗话说："人活脸，树活皮。"面子对于人们来说非常重要，所以在平时交往时，说话一定要处处留神，句句在意，时时顾及别人的面子。大气之人说话一贯如此，一方面是因为自己的涵养；另一方面也是为了顾及别人的面子。

有位文化界人士，每年都会受邀参加某专业团体的杂志年终评鉴工作，这工作虽然报酬不多，但却是一项难得的荣誉，很多人想参加却找不到门路，也有人只参加一两次，就再也没有机会。问他为何年年有此殊荣，他在届龄退休，不再参加此项工作后才公开其中秘诀。

他说，他的专业眼光并不是关键，他的职位也不是重点，他之所以能年年被邀请，是因为他说话时很会给人留面子。他说，他在公开的评审会议上一定会把握一个原则：多称赞、多鼓励、少批评，但会议结束之后，他会找杂志的编辑人员，私底下告诉他们编辑上存在的缺点。他这样分场合说话就给人留足了面子，因此，承办该项业务的人员和各杂志的编辑人员，都很尊敬他、喜欢他，当然也就每年找他当评审了。

生活中的每一个人，都非常重视自己的面子。为了面子，小则翻脸，大则会闹出人命。如果你是个对面子冷漠的人，那么你说话必定不受欢迎；如果你讲话只顾自己痛快，却不顾及别人的面子，那么你肯定会吃亏。

那么，在说话中，怎样才能顾及别人的面子，处理好人与人之间的"面子问题"呢？

第一，要善于择善弃恶。

在待人处世中要多夸别人的长处，尽量回避对方的缺点和错误。"好汉愿提当年勇"。又有谁人愿意提及自己不光彩的一页呢？特别是如果有人拿这些不光彩问题来做文章，就等于在伤口上撒盐，无论是谁都是不能忍受的。

第二，指出对方的缺点和不足时，要看场合、讲方法，别伤对方的面子。

有一个连队配合拍电影，因故少带了一样装备，致使拍摄无法进行。营长火了，当着全连战士的面批评连长说："你是怎么搞的，办事这么毛毛躁躁，要是上战场也能装备不齐？"连长本来就挺难过的，可营长偏偏当着自己的部下狠狠批评自己，心里自然觉得大失面子，于是忍不住辩道："我没带是有原因的，你也不能不经过调查就乱批评！"营长一下蒙了，弄不懂平时很服帖的连长怎么会这样顶撞他。事后，在与连长谈心交换意见时，连长说："你当着那么多战士的面批评我，我今后还怎么做工作？"

从这个事例中不难发现，假如营长是在只有他们两人的场合中对他进行批评，连长不仅不会发火，还会虚心接受批评。营长错就错在说话没有注意时机和场合。

第三，巧给对方留面子。

有时候，对方的缺点和错误无法回避，必须直接面对，这时就要采取委婉含蓄的说法，淡化矛盾，以免发生冲突。

此外，**在与人交往的过程中，为了"面子上过得去"，尽量多了解一些对方的情况，做到既了解对方的长处，也了解对方的不足。**因为每个人都会有自己的个性和习惯，有自己的需求和忌讳，如果你对交际对象的优缺点一无所知，那么交际起来，就会"盲人骑瞎马"，难免踏进"雷区"，引起别人的不快。

俗话说得好："**打人不打脸，揭人不揭短。**"要想与他人友好相处，就要尽量体谅他人，顾及别人的面子。揭人旧伤疤，伤人又害己。

大气——笑而不答心自闲

揭人疮疤,除了让人勾起一段不愉快的回忆外,于事无补。这不仅会叫被揭疮疤的人寒心,旁人一定也不大舒服。所以,别人的伤疤不要轻易触动,更不要去揭开。

一般说来,人们并不喜欢揭人疮疤。生来就喜欢揭人疮疤的人是少数。但在情绪不好的时候,暴怒的时候,可就难说了。尤其是领导者,因为人事材料在握,对别人的过去知道得一清二楚,怒从心头起,难免出口不逊,说些诸如"你不要以为过去的事情没人知道"之类的话。

对于今天该指责的事情,引用过去的事例是不适当的。只有当过去的例子可以作为追究事理方面原因的资料时,才可以把它拿出来。

如果牵扯到人的问题、感情的问题,那么别人就会产生这样的心理:"都已经过去的事情了,现在还抓住不放,真是太过分了。在这种领导手下工作,只怕是一辈子也不会有出头之日了。"

疮疤人人都会有,只是大小不同。见到同事的疮疤,只要不是幸灾乐祸的人,都会有"兔死狐悲,物伤其类"的感觉。

"并不是我喜欢揭人疮疤,而是他的态度实在太恶劣,一点悔过的意思都没有。我这才忍不住翻起旧账来的。"有的领导辩解说。

这并不是不能理解的。如果有必要指责其态度时,只要针对他的恶劣态度加以警戒即可。每次针对一件事比较能收到好效果。集中许多事时,目标分散了,被批评的人反而印象不深。

调查表明:凡是喜欢翻旧账的领导,也喜欢把今天的事情向后拖延。这种拖延的人,指责下属也不干脆。他不能迅速解决问题,会将各种问题、包括某人过去犯的错误累积起来,不知什么时候又提出来,完全失去了时间性,这是很笨拙的做法。

企业中的各种事务都要有个完结,这很重要。过去的事已经过去,我们应该努力把现在的事情做好。没有"今日事今日毕"的好习惯,把现在事拖到将来,那么,在将来的日子里,你就得不停地翻旧账,这是恶性循环。

领导要杜绝揭人疮疤的行为,除了要知晓利害,学会自我控制外,还须养成及时处理问题的习惯。**不要把事情搁置起来,力求每个问题都得到适时解决,有了结论,以后也就不要再旧事重提,再翻老账。**

常言道:"清官难断家务事。"许多人常常只因听对方提起一件小事或对方多说一句话,便怒火中烧,争执愈演愈烈。夫妻吵架越来越激烈的原因，往往也是互揭对方的疮疤。例如，一方口无遮拦地脱口说出："你过去做了……"此话一出口，结局便无法收拾了。

为什么旧事重提会引起对方如此的反感和愤怒呢？其实不只是夫妇之间，一般人亦然。事过境迁之后，总认为自己已得到对方的宽恕，相信对方必然将过去的事忘了，并从此信任对方，所以，当对方重提旧事时，内心自然愤怒至极，认为原来他只是装作忘记，事实上他仍铭记在心！如此一来，不但从此不再相信对方，且可能因此而形同陌路。

此种心理也时常出现在指挥下属的情形中。当上司对下属说"你的毛病又犯了"，相信下属必定相当反感。须知上司如果经常重提往事，下属必认为自己的上司就像"秘密警察"一样。从此以后，也许再也不愿向上司倾诉自己的真正想法了。

虽然有很多现实的情况，必须以责备的方式来指导下属，但请切记，绝对禁止去揭旧的疮疤。

心灵悄悄话

人世生存之中，做人之道的重要一条就是：得饶人处且饶人，不必事事求胜。不事事求胜也并不意味着你毫无进取之心，不是一个成功的人。其实，不事事求胜是一种以退为进的计谋。不事事求胜，是为了更好地求胜。

大气——笑而不答心自闲

54

没有口德，就没有品德

最难听的声音是嘲讽、讥笑；最好听的声音是赞美、鼓掌！

过去，我班上有一个女生，交了一个外系的男朋友。一天，男友用机车送她回家后，在路上遇到另一男同学，就一起到夜市吃宵夜。等男友回到家，女孩打电话过来，一开口就大骂："你死到哪里去啦？我打电话到处找你，打了十几通都找不到，我还以为你出车祸被撞死了！"

"你干吗？我又没去哪里，只是在路上碰到小郭，一起去吃个宵夜而已嘛！"男友委屈地说。

"你是猪啊！吃宵夜？那你不会打电话跟我讲啊？害我急得要命，家里电话一响，就以为是你出车祸死了，警察叫我去认尸！"女生生气地咆哮着。

这是真实的例子。人在不顺心、生气时，自我控制力较差，就常"口无遮拦"。而且，人在生气失控时，就喜欢用"负面特质"的形容词，加诸到对方身上，例如："你猪啊，笨啦，蠢啦，你去死啦……"

有时，我们觉得，"是他激怒我""是他惹我生气""我也是为他好"，所以，我有权生气、有权"骂一骂来发泄"。可是，我们发泄情绪的话，会刺痛别人，会使人承受不了啊！一个人被语言深深伤害，其伤痕会永远留下，而且时常"隐隐作痛"啊！

我们都去参加过许多宴会，想想看，最后一道佳肴，是不是都是"甜点"？好像大部分的宴会，最后上桌的，都是使人觉得"香甜可口的点心"。为什么会这样？因为，主人希望客人离去时，嘴上都留着"甜甜好吃"的印象！

人际关系虽然不像宴会，时间一到，就需离开；但是，如果我们"没有口德""口无遮拦"而刺伤别人，则这令人难以下咽的菜，就很可能成为双方关系的"最后一道菜"。当我们的客人离去时，嘴里留着的，不是"香甜可口"的滋味，而是"苦辣想吐"的痛恨啊！

所以，班上这女生与男友分手了，而男友说："我没有悲伤，只有庆幸！"

犹太人说:"天下最好的东西是舌头,最坏的东西也是舌头。"

有些话,未经思考即脱口而出,它对别人的杀伤力,比砍对方一刀还痛,痛不欲生。

所以,最难听的声音是嘲讽、讥笑;最好听的声音是赞美、鼓掌!

美善的沟通,是具有极大魔力的!它能融化人际厚厚的冰墙,也会带给人们快乐与温暖!

心灵悄悄话

"体验,是体谅的开始!"当我们被人侮辱、歧视、瞧不起时,我们才知道,自己是多么不愿意"受侮辱、受歧视、被看轻";然而,这也是我们学习到的功课——以后,我们绝不能像那些"没口德"的人一样,去无情地伤害别人。爱默生说过:"用刀解剖关键性的字,它会流血!"真的,听到别人刺伤我们、没口德或刻薄的话,我们的心真的会"流血"。也因此,"会让别人的心流血"的话,绝不要从我们的口中说出;因为,没"口德"的人,就没有"品德"啊!

大气——笑而不答心自闲

第三篇　大气人生之韬晦

　　忍,是一种大智若愚的处世智慧,是一种厚积薄发前的蓄势,是一种以退为进的成功之道。人生奋斗的目标,都是想获得自己看来是成功的事业,然而,成功并非一帆风顺,即便你很有才能。所以在这个过程中,要学会韬光养晦,适当示人以弱,这样你才会少很多麻烦和阻碍,才能更好地达到你的目的!

　　在任何时候,冲动都是有志之人最大的敌人。一意孤行,不但不能化解危机,甚至还会带来更大的灾难。而如果忍耐能化解不该发生的冲突,这样的忍耐永远是值得的。记住,要天天把忍耐放在心上,它会给我们带来快乐和成功。

高筑墙、广积粮、缓称王

"良贾深藏若虚，君子盛德容貌若愚"，这是孔子年轻时拜见老子时，老子对他的告诫之语。它的意思是说：精明的商人会隐藏他的宝物，使他从外表看来一无所有；一个有修养的君子会内藏道德，使他外表看起来愚蠢迟钝。

一个人要想出人头地，就必须学会韬光养晦，在深藏不露中累积，直至最后爆发。

然而现实中，有些人为了夸耀自己，经常在他人面前夸夸其谈。一旦他们有一点小成就更是唯恐天下不知，见人就讲，逢人就谈。这种人是不会成就大事的。因为过分地展露自己，只会让他们的实力过早地暴露，让自己在竞争中失去优势。

星云大师认为，平常心是一种透析世情、了悟人生的智能，能以平常心处世，自能"超然物外见真章"。一个人再聪明也不宜锋芒毕露，不妨装得笨拙一点；即使非常清楚明白也不宜过于表现，宁可用谦虚来收敛自己。志节很高也不要孤芳自赏，宁可随和一点；有能力时也不宜过于激进，宁可以退为进，这才是真正安身立命、高枕无忧的处世法宝。

南朝刘宋王朝开国皇帝宋武帝刘裕临死之时托孤给司空徐羡之、中书令傅亮、领军将军谢晦、镇北将军檀道济，并告诫太子刘义符，在这些人中，最难驾驭的是谢晦，应对他加以小心。

刘裕死后，其长子刘义符即皇帝位，史称营阳王。刘裕的次子名义真，官南豫州刺史，封庐陵王。刘裕的第三个儿子名义隆，封宜都王。即后来的南朝宋文帝。刘义符做皇帝后，不遵礼法，行为荒诞得令人啼笑皆非。

徐羡之在刘义符即位两年后，准备废掉刘义符另立皇帝。按刘义符的行为，废掉他是理所应当的。但徐羡之等人因为怀有私心，贪权恋位，谋权保位，竟把事情做绝，埋下了杀身之祸根。要废掉刘义符，就得有别人来接皇帝的班。按顺序该是刘义真，但刘义真和谢灵运等人交好，谢灵运则是徐羡之的政敌。为了不让刘义真当上皇帝，徐羡之等人挖空心思，先借刘义符的手将刘义真废为庶人。接着，徐羡之、傅亮、谢晦、檀道济、王弘五人合力发动武装政变，废掉了刘义符，以皇太后的名义封刘义符为营阳王。

然而，还没等新皇帝即位，徐羡之和谢晦竟主谋先后将刘义符、刘义真杀死。他们拥立的新皇帝是刘义隆。刘义隆面临的是控制朝廷大权、杀死自己两个哥哥的几个主凶。

新皇帝当时正在江陵郡(在今湖北江陵)，徐羡之派傅亮等人前往迎驾。徐羡之这时又藏了个心眼，恐怕新皇帝即位后将镇守荆州重镇的官位给他人，赶紧以朝廷名义任命谢晦做荆州刺史、行都督荆湘七州诸军事，想用谢晦做自己的外援，将精兵旧将全都分配给了谢晦。

刘义隆面临着是否回京城做皇帝的选择。听到营阳王、庐陵王被杀的消息，刘义隆部下不少人劝他不要回到吉凶莫测的京城。只有司马王华精辟中肯地分析了当时的形势，说："徐羡之、谢晦等人不会马上造反，只不过怕庐陵王为人精明严苛，将来算旧账，才将他杀死。现在他们以礼来相迎，正是为了讨您欢心。况且徐羡之等五人同功并位，谁也不肯让谁，就是有谁心怀不轨，也因其他人掣肘而不敢付诸行动。殿下只管放心前往做皇帝吧！"

于是刘义隆带着自己的属官和卫兵出发前往建康，果然顺利地做了皇帝，但朝廷实权仍在徐羡之等人手中。

刘义隆先升徐羡之等人的官：徐羡之进位司徒；王弘进位司空；傅亮加"开府仪同三司"，即享受和徐羡之、王弘相同的待遇；谢晦进号卫将军；檀道济进号征北将军。

同时认可徐羡之任命的谢晦做荆州刺史。谢晦害怕刘义隆不让他离京赴任，但刘义隆若无其事地放他出京赴荆州。谢晦离开建康时，以为从此算是没有危险了，回望石头城说："今得脱危矣。"

刘义隆当然也不动声色地安排了自己的亲信，官位虽不高，但侍中、将军、领将军等要职都由他的亲信充任，从而稳定了自己的皇位。

宋文帝元嘉三年(426)正月，刘义隆在动手之前，先通报情况给王弘，又召回檀道济，认为这两个人当初虽附和过徐羡之，但没有参与杀害刘义符、刘义真的事,应区别对待,并要利用檀道济带兵去征准备在荆州叛乱的谢晦。

正月丙寅(426年2月8日),刘义隆在准备就绪后,发布诏书,治徐羡之、傅亮擅杀两位皇兄之罪,同时宣布了对付可能叛乱的谢晦的军事措施。

就在这一天,徐羡之逃到建康城外二十里的一个叫新林的地方,在一陶窑中自缢而死。傅亮也被捉住杀死。

谢晦举兵造反,先小胜而后大败,逃亡路上被活捉,后被杀死。

《菜根谭》中有一句话:"**藏巧于拙,用晦而明,寓清于浊,以屈为伸,真涉世之一壶,藏身之三窟也。**"立身处世最有用的救命法宝,是宁可随和一点,也不可太自命清高,宁可后退一些,也不要太积极冒进。

在欧洲军事史上,奥斯特利茨战役是其辉煌的一页。它发生于19世纪初,这场战役还被称为"三皇会战",这是由于法国皇帝拿破仑一世、奥国皇帝弗兰茨二世、俄国皇帝亚历山大一世当天都亲自率领部队进行指挥和督战。在这场会战中,拿破仑出奇制胜,以少胜多,创造了欧洲乃至世界军事史上的奇迹,他也因这场战役赢得了"欧洲第一名将"的称号。

在奥斯特利茨战役中,拿破仑率领的法军出动了6万兵力,而俄奥联军则出动了8.7万兵力。拿破仑抓紧时机,火速前调兵力,使部队在决战时终于达到7.3万人。为了诱敌速战速决,主动进攻,他还假意和谈,故意示弱,并主动放弃利于防守的普拉岑高地,向后撤退,使既不了解战场形势而又好大喜功的沙皇亚历山大一世误以为他收缩防御,不仅否决了看出拿破仑企图的库图佐夫的建议,而且剥夺了他的指挥权。拿破仑只以少部分兵力(约1万人)阻击联军主力,而以主力6万余人集中在中央和左翼,形成局部的兵力优势。法军成功完成中央突破,将联军切成两段,而后便从普拉岑高地向联军主力侧后实施猛击,将其压缩到湖泊沼泽地带。联军主力除极少一部分经正面突围逃往布吕恩方向外,大部分拥挤在刚刚结冰的湖面上,在法军炮火猛攻下,或葬身湖底,或缴械投降。

到了黄昏,战斗终于结束。在短短一天之内,第三次反法同盟就结束了。联军在战役中伤亡惨重,俄皇奥帝得以侥幸脱逃,库图佐夫却受伤不轻。与之相比,法军的损失仅仅相当于联军的一半。这场战役中,拿破仑的军事才能得到了充分发挥,最终以少胜多。

凡是成大事者都懂得隐忍之术,善于以守为攻,以退为进,他们曾经长时间在默默中累积,就像火山爆发前的酝酿,一旦等到时机出现,便整装待发,以弱者的姿态做出强者的举动。男子汉大丈夫能屈能伸,方能成就大业。

心灵悄悄话

平常心是一种透析世情、了悟人生的智能。能以平常心处世,自能"超然物外见真章"。一个人再聪明也不宜锋芒毕露,不妨装得笨拙一点;即使非常清楚明白也不宜过于表现,宁可用谦虚来收敛自己。志节浪高也不要孤芳自赏,宁可随和一点;有能力时也不宜过于激进,宁可以退为进,这才是真正安身立命、高枕无忧的处世法宝。

大气——笑而不答心自闲

62

年轻气盛是双刃剑

"出头的椽子先烂"。这是一句老话。它的寓意是在告诉人们，**不可锋芒毕露，否则就会引来灾祸**。这句话反映了客观事实。一年四季，风吹雨淋，年复一年，日久天长，出头的椽子先烂是自然而然的了。

在社会生活中，这类事情也是屡见不鲜的。许多人在工作、学习中或多或少地都曾尝到过"出头的椽子先烂"的滋味，恐怕也都是受害者。有的人工作成绩突出受到上级的表扬奖励，这本来是一件好事，上级表扬和肯定这个人的工作是要引导大家向这个人学习。但事与愿违，这种表扬奖励往往搞得这个人很尴尬：风言风语、冷嘲热讽会随之而来；甚至有人还会颠倒黑白向受表扬的人放冷箭、泼脏水。搞得谁也不愿意再出头，只能随大流得过且过。

一个人事业有成、春风得意，难免锋芒毕露。若不知收敛，一味卖弄乖巧，耍小聪明，甚至逞强斗勇，定会伤及上下左右，招致诋毁诽谤，最终落个聪明反被聪明误的下场。如果糊涂一点，大智若愚，藏巧于拙，如孙膑装疯卖傻、司马懿装傻充呆，不仅保全了身家性命，而且也为最后取得胜利奠定了基础。因此，韬光养晦，来点糊涂，也未尝不是明哲保身之道。

有才华的人必须把保护自己也算作才华之列。一个有才华但不会自我保护的人，会使才华过早地被埋没，而不能为社会做更多的事。

村里有一位男子因与人结怨而处境困难。许多人出面当和事佬，但他一句话也听不进去，最后只好请了外村比较有权威的一个名叫马胜的人出面，为他们排解纠纷。马胜晚上悄悄地造访那名男子家，热心地进行劝服。终于，男子逐渐让步了。如果是普通人，一定会为对方的转变而沾沾自喜，但马胜却不同。他对那位接受劝解的人说："我听说你对前几次的调解都不肯接受，这次很荣幸能接受我的调解。不过，身为外地人的我，却压倒本地有名望的人，成功地排解了你们的纠纷，这实在是违背常理。因此，我希望你这次就权当我调解兵败，等到我回去，再由当地的有威望的人来调解时你才接受，怎么样？"

这种做法实在是异于常人，细想起来真是一种使自己免遭众人嫉恨的明智之举。既保护了自己，又留下了为人称道的美名。谁能说不是大智之人呢？比较起来，那些极力显示自己才能的人，不过是小聪明罢了。

《菜根谭》中说"花要半开，酒要半醉"，凡是鲜花盛开万分娇艳的时候，不是立即被人采摘而去，就是衰败的开始。人生也是一样。

唐代花间派词人的代表人物温庭筠，原是宰相温彦的后代，他才思过人，名词佳句传遍天下。但是他一生落魄坎坷，屡试不第，时乖命蹇，造化弄人，只好流落于江淮之间，潦倒一生。究其原因，就是因为他不懂得为人处世的基本道理，不知道如何与人相处，结果是空误了满腹才情，终其一生，大事无成。

温庭筠在诗文辞赋上费尽了苦心，但却不注意自己的穿着仪容，嗜酒好赌，经常与一些无赖子弟聚赌生事，动辄喝得醉如烂泥。因为他的形象不堪入目，人送外号"温钟馗"，由此可知，他是何等的不注意修身。虽然温庭筠小节不修，但江淮的一个官员姚勖却非常怜惜他的才华，送给他一笔银子，用以资助他求学上进。不想温庭筠却把这些钱全都花在了寻花问柳上，虽然是文士风流，但终究有负姚勖的期望。于是姚勖非常生气，就把温庭筠叫来打了一顿板子，希望温庭筠能够改过自新。

但这顿板子，非但没有让温庭筠改悔，反而因此送掉了姚勖的性命。

温庭筠的姐姐非常疼爱温庭筠，她认为弟弟之所以屡试不第，就是因为姚勖惩罚了他的缘故。所以有一次姚勖去拜访她的丈夫的时候，她冲出门来，抓住姚勖破口大骂。姚勖受此羞辱，连气带病，竟然活活气死了。

实际上，温庭筠屡试不第，与姚勖一点关系也没有，而是因为他考试的时候喜欢作弊。以他的才情，别说是作弊，就算是闭着眼睛，也能中举。可是他每次答完了自己的试卷之后，就替别的考生答卷，而且是一答就是数人，所以他又有一个"救数人"的外号。考官沈侍郎虽然知道他不守规矩，但还是不忍心因此失去这个人才，就有意将他的座位单独安排。但温庭筠习性不改,有一次,竟然一次性给八个考生口述答卷。到了这种地步,考官只能剥夺他的进士资格。

当时皇帝非常喜欢《菩萨蛮》的曲调,宰相令狐绹为了投其所好,就把温庭筠的作品假充是自己所作,送入宫中,并叮嘱温庭筠万不可以说出去。但是温庭筠前脚离开令狐绹的门,后脚就到处宣扬这件事,让令狐绹丢尽了颜面。而后温庭筠又讥讽令狐绹,说他没学问没文化。令狐绹心里虽然生气,但他毕竟不是无行小人,只是贪名而已,所以事后并没有报复温庭筠,仍然视他为朋友。

可是温庭筠却因此而憎恨令狐绹,恨他不让自己中举,有意回避令狐绹,继续酗酒闹事,结果触犯禁令,被巡夜的虞侯抓住打掉了牙齿。于是温庭筠又去找令狐绹哭诉,令狐绹闻知大怒,就命人将打伤温庭筠的虞侯拘来,替温庭筠出气。不想却被虞侯如实说出了温庭筠当时的丑事,温庭筠的污秽行为传遍了天下。温庭筠的仕途进取之路,就这样被他自己亲手断送了。

像温庭筠这样倚仗自己有才能,却不明白做人处世的基本道理,凡事只论人之过,闲时招惹是非,是社会生存之大忌。所以当子张问起如何在官场上谋生的时候,孔子指点他说:**凡事要多看、多学、多经验、多体会,不要轻易表露自己的疑问,任何时候都不可以轻率地表达自己的态度和观点,因为你任何形式的表达都有可能引发别人的不安心理。**所以少说话,多用两只眼睛看,是人生成功的不二法门。

所以,无论你有怎样出众的才智,但一定要谨记:不要把自己看得太了不起,不要把自己看得太重要,不要把自己看成是救国济民的圣人君子,还是收敛起你的锋芒,掩饰起你的才华吧。

现在的许多年轻人通常会把自己估高,有些人根本没有什么一技之长,却不愿意干简单普通的工作。许多大学生刚刚毕业就以为自己是人才了,就希望社会能争相高薪聘请,有时甚至有单位来聘用还挑三拣四不愿意去,宁愿什么也不干,也不愿意像其他普通劳动者一样去工作。

世界上总有这么一些人,总是会因为过于高估自己而忽视了尊重别人,却不想想一个人只凭自己的才能是成就不了事业的,任何事业都是许多人合作而完成的,如果你不知道在适当的时候闭上嘴巴,或者是在心里缺乏对别人的敬意，那么你的事业必将一无所成。

　　大气是一种气度，更是一种气魄。没有气度、气魄的人，是做不成大事的。**而真正的智慧是虚怀若谷，而不是锋芒毕露，不知收敛。趾高气扬，恃才傲物都是小气之举，不得大志，而心胸能容能忍方是大智大儒者所为。**要想有所成就，就要韬光养晦，不要小聪明，更要学会以退为进的处世之道。

🦋 心灵悄悄话

　　一个人事业有成、春风得意，难免锋芒毕露。若不知收敛，一味卖弄乖巧，耍小聪明，甚至逞强斗勇，定会伤及上下左右，招致诋毁诽谤，最终落个聪明反被聪明误的下场。如果糊涂一点，大智若愚，藏巧于拙，韬光养晦，来点糊涂，也未尝不是明哲保身之道。

大气——笑而不答心自闲

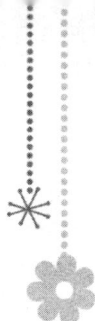

示弱并不是软弱

历史上许多伟人之所以能够成就伟业，是因为他们懂得在适当的时机向别人示弱，学会隐忍。

有一种瓢虫，每当人用手碰它时，它就会紧紧把脚缩起来，不移不动，无论怎么拨弄它，它都像死了一样不动，可是过了一段时间后，它又开始走动了。有一种鸟，在它孵卵时期，若有外敌入侵，它会扇动自己的翅膀，先伪装与外敌搏斗，然后便假装受伤，装出一副跌跌撞撞、失败而逃的样子。外敌见它逃跑，就会过去追逐，等外敌远离鸟巢时，此鸟便会立刻快速逃走，从而保全巢中的卵。

乌龟的动作虽慢，但是遭遇外力干扰时，它会及时地把头脚缩进壳里，既不反击，也不行动，这种示弱方式使其他动物拿它没办法。当外力消失后，它才会把头脚伸出来。但是刺猬却不同，每当有外力靠近时，它就竖起全身的刺，使外力知难而退。在自卫方式上，乌龟把头脚缩进壳里，对外力的反应有些"迟钝"，但因为有硬壳的保护，想伤害它也不是件容易的事，而且也不会伤人。因此，乌龟以"逆来顺受"的方式来拖垮外力的侵略；但刺猬却很轻易地就竖起尖刺，让其他动物不敢接近，并且会伤人，所以，刺猬的攻击行为不利于长久自保。

为人处世中，示弱不仅是险中求退、安身自保的策略，更是韬光养晦的必备条件。当自己在事业上小有成就时，为了避免不必要的竞争，应多采取回避退让的措施。

陈刚很少对公司里的什么人佩服，但他对公司财务部的出纳罗玲娟十分佩服。与罗玲娟差不多同时来这个公司的同事都跳槽了，领导也换了几茬，但是她依然坐得稳稳当当。原来，罗玲娟是一个很懂得低调和示弱的女人。公司换过几拨领导，在不同的时期不同的领导下，不管是哪派，不管是领导还是清洁工，都对她大加赞赏。为什么呢？就是因为她始终保持低调，踏实肯干，不与人争，更不评论任何人的什么事儿。而且她有一副热心肠，有谁需要帮忙，她都肯热情地帮上一把。所以，她不像其他同事那样一换领导就失意地跳槽而去。

现实中有些事情，越是急切地想解释明白，就越说不清楚，所以就不应急于表白，或暂时不表白，时间长了，彼此头脑冷静了之后，事情或许自然就清楚了，千万不要因为急于表白反而加深误解或造成怨恨。

世上有很多人，你越是急切地想拉着他跟随自己，他越是不服从，那就不如让他自由发展，这样也许他慢慢觉悟过来，自然就会顺从你，过于勉强反而会事与愿违。因此在这些时刻，隐忍是一种达到自己目的的有效策略。

公元前 613 年，楚成王的孙子楚庄王即位，做了国君。晋国趁这个机会，把几个一向归附于楚国的国家都拉了过去，并订立了盟约。楚国的大臣们很不服气，都向楚庄王提议要他出兵争霸。无奈楚庄王不听那一套，白天打猎，晚上喝酒、听音乐，什么国家大事，全不放在心上，就这样窝窝囊囊地过了三年。他知道大臣们对他的作为很不满意，就下了一道命令：谁要是敢劝谏，就判谁死罪。

在这之后，有个名叫伍举的大臣，实在看不过去，决心去见楚庄王。楚庄王正在那里寻欢作乐，听到伍举要见他，就把伍举召到面前，问："你来干什么？"

伍举说："有人让我猜个谜，我猜不着。大王是个聪明人，请您猜猜吧。"

楚庄王听说要他猜谜，觉得有意思，就笑着说："你说出来听听。"

伍举说："楚国山上有一只大鸟，身披五彩羽毛，样子挺神气。可是一停三年，不飞也不叫。这是什么鸟？"

楚庄王心里明白伍举说的是他，便说："这可不是普通的鸟。这种鸟，不飞则已，一飞将要冲天；不鸣则已，一鸣将要惊人。你去吧，我已经明白了。"

过了一阵子，另一位大臣苏从看着楚庄王没有什么动静，就又去劝说楚庄王。

楚庄王问他："你难道不知道我下的禁令吗？"

苏从说："我知道。只要大王能够听我的意见，我就是触犯了禁令，被判了死罪,也是心甘情愿的。"

楚庄王高兴地说:"你们都是真心为了国家好,我哪会不明白呢?"

从此以后,楚庄王决心改革政治,把一批奉承拍马的人撤了职,把敢于进谏的伍举、苏从提拔起来,帮助他处理国家大事。制造武器,操练兵马,当年楚庄王就收服了南方许多部落。

5年以后,他打败了宋国。

7年后,他又打败了陆浑的戎族,一直打到周都洛邑附近。

公元前597年,楚庄王率领大军攻打郑国,晋国派兵救郑,在郊地(今河南郑州市东)和楚国发生了一次大战。晋国从来没有打过这么惨的败仗,人马死了一半,另一半逃到黄河边。船少人多,兵士争着渡河,许多人被挤到水里去了。掉到水里的人往船上爬,船上的兵士怕翻船,便拿起刀把往船上爬的兵士手指头都砍了下来。

有人劝楚庄王追上去,把晋军赶尽杀绝。楚庄王说:"楚国自从城濮大战失败以来,一直抬不起头,这回打了这么大的胜仗,总算洗刷了以前的耻辱,何必再多杀人呢?"说着,立即下令收兵。让晋国的残兵逃了回去。从战况来看,楚军占据了优势,如果继续打下去,肯定会把晋军消灭干净,但毕竟这不是他的目的,他的目的是洗刷以前战败的耻辱。自此以后,这个"一鸣惊人"的楚庄王就成了霸主。

事实上,楚庄王刚即位的时候,要是听从了其他人的计策,或许也能打败其他国家。但他看到,从当时的局面来看这样做并不妥。

其一,他刚刚即位,对于一个国家来说,此时正是人心浮动的时候;

其二,如果楚庄王一即位就准备发动战争,肯定会引起其他国家的联合打击,那么,结果或许能够取胜,但胜算毕竟不大。因此,楚庄王明白,最好的选择是等待机会,但是在这期间还不能引起其他国家的注意,看出他有想当霸主的野心。因此,他选择了吃喝玩乐这一看似糊涂透顶的做法,以便让其他国家认为他是一个无能的国君。

向别人示弱,是一种隐忍,同时也往往是一个人内心气度的表现。可以试想一下,不懂得隐忍的人,定是那种心胸狭小之人,完全没有大气可言。人生在世,很多时候适度适时地示弱,可以混淆对方的视听,使其作出错误的判断,从而掉入你为他设计好的陷阱;也可以迟滞对方作出决定的时间,从而给自己反击的时间；也可以助长对方的傲气，使其松弛警戒，而你则可趁此寻找求生的机会；也可以诱使对方解除对你的压力，从而可以提防暗箭。因此，软弱和退缩也是一种无形的力量。

心灵悄悄话

现实中有些事情，越是急切地想解释明白，就越说不清楚，所以就不应急于表白，或暂时不表白，时间长了，彼此头脑冷静了之后，事情或许自然就清楚了，千万不要因为急于表白反而加深误解或造成怨恨。因此在这些时刻，隐忍是一种达到自己目的的有效策略。

大气——笑而不答心自闲

大智若愚

洪应明曾说："十语九中未必称奇，一语不中则愆尤骈集；十谋九成未必归功，一谋不成则訾议丛兴。君子所以宁默毋躁、宁拙毋巧。"

意思是说：十句话中有九句正确不一定稀奇，因为其中一句话不对就会立刻被指责；十次计谋九次成功不一定有功劳，如果有一次失败许多非议就汹汹而来。

所以品德高尚又有见识的人宁可保持沉默、处事不躁，宁可表现得笨拙些，也不自作聪明。

明代大作家吕坤写道："愚者人笑之，聪明者人疑之。聪明而愚，其大智也。夫《诗》云'靡哲不愚'，则知不愚非哲也。"

其意思是：**愚蠢的人，别人会讥笑他；聪明的人，别人会怀疑他。只有既聪明但是看起来又愚笨的人，才是真正的大智者。**

"大智若愚"的意思就是有大智大慧、大觉大悟的人不显露才华，外表上好像很愚笨。

事实上，这本身既是一种至高的人生境界，又是人生大谋的诠释。就前者而言，大智的人如同风一样自由，无牵无挂，无拘无束，俗世的一切都在身外。

就后者而言，是在人前收敛自己的智慧，一种混混沌沌的样子，在小事上常常不如一般人精明，应变能力好像差一些。

这正是城府很深的表现。假装愚钝，让人以为自己无能，让人忽视自己的存在，而在必要时，可以不动声色，先发制人，让别人失败了还不知是怎么回事。

做人应尽量避免显山露水，不要成为别人妒忌的目标。

"大智若愚"，并非故意装疯卖傻，并非故意装腔作势，也不是故作深沉、故弄玄虚，而是待人处世的一种方式，一种态度，即心平气和，含而不露，隐而不显,自自然然,平平淡淡,普普通通,从从容容,看透而不说透,知根而不亮底,凡事心里都清清楚楚,明镜儿似的,而表面上却显得不知、不懂、不明、不晰。

大智若愚既表现在人的面部表情上,也表现在人的行为举止上。大智若愚的人给别人的印象是,时常笑容满面,宽厚敦和,平易近人,虚怀若谷,有时甚至显得有点木讷,有点迟钝,有点迂腐。但我们需要切记:若愚者,即似愚也,而非愚也。

因此,我们可以说,**"若愚"只是一种表象,只是一种策略,而不是真正的愚笨。**

在"若愚"的背后,隐含的是真正的大智慧、大聪明、大学问。

而只要是真正具有大智慧、大聪明、大学问的人往往给人的印象总是显得有点愚钝。

生活中,聪明与智慧实在是两回事,聪明是一种先天的东西,总令人感到聪明人的光辉,但往往这种表面的光芒,不能令聪明人成功,所以我们经常看到很多被认为聪明的人往往一事无成。

而智慧就不同了,有智慧的人未必聪明,如寓言塞翁失马中的塞翁,愚公移山中的愚公,他们眼里看见的不是即时的利益,而是日后的好处,因为日后的大利,他们肯去吃眼前的苦。这样的人肯定不是聪明人,但却是有智慧的人。

有个统计数字显示,成功的人物中最多只有不超过10%的人智商超群,其余90%的人的智商绝对只是普通人水平。

但是,他们成功了。

为什么会这样呢?原来,成功的人物更重视智慧。

大凡立身处世,是最需要聪明和智慧的,但聪明与智慧有时候却依赖糊涂才得以体现。

智慧和聪明就像主人和仆人的关系。主人没有仆人的协助不行,会显得非常笨拙狼狈,缺乏效率。但再聪明的仆人都还是仆人,他不可能是主人。仆人需要主人的方向,没有主人的仆人,等于失去了用处。

有才不外现已属不易,大智若愚更是难上加难。以退为进,以愚显智,确实是一种大气之举。因此,我们必须通过实践去把聪明转变成智慧,在智慧的基础上行动,从而能够事半功倍。智慧可以成就大事业,能经受时间考验;聪明虽能带来一时的成功,但总有机关算尽的时候。当然,聪明不是错,更不是罪,关键是要用好自己的聪明,把聪明转化为智慧。这样,才能为自己的人生锦上添花,而不会让它成为美丽的泡沫。

心灵悄悄话

　　"大智若愚",并非故意装疯卖傻,并非故意装腔作势,也不是故作深沉、故弄玄虚,而是待人处世的一种方式。因此,"若愚"只是一种表象,只是一种策略,而不是真正的愚笨。在"若愚"的背后,隐含的是真正的大智慧、大聪明、大学问。而只要是真正具有大智慧、大聪明、大学问的人往往给人的印象总是显得有点愚钝。

小不忍则乱大谋

古人云："小不忍则乱大谋。"因此唯有具有忍耐之心的人才会有出头之日，那些小肚鸡肠的人注定只能平平庸庸，无所建树。《论语·颜渊》中有这么一句话："一朝之忿，忘其身，以及其亲，非惑与？"俗语中说："匹夫见辱，拔剑而起，挺身而斗。"这种匹夫之勇，坏就坏在无"忍"字功夫。《水浒传》中的李逵，闯祸极多，就是因其性情暴躁、头脑简单，不能忍小辱。例如，他在浔阳江被浪里白条张顺灌了一肚子水，就是由于一味逞凶无忍劲。

对于做大事者来说，忍辱负重是成就事业必须具备的基本素质。孟子说："天将降大任于是人也，必先苦其心志，劳其筋骨，饿其体肤，空乏其身。"当你处于弱势时，就很难有施展自己的空间，犹如困兽一般，所以，能在各种困境中忍受屈辱是一种能力，而能在忍受屈辱中负重拼搏更是一种本领。不忍小则不能成大谋，凡成就大业者莫不明白此理。

世界上的第一位亿万富翁洛克菲勒，在他创业之初，由于资金缺乏，他的合伙人克拉克先生邀请昔日同事加德纳先生入伙，有了这位富人的加入，就意味着他们可以做很多以前想做、有能力做、但没有足够资金去做的事情。

然而，出乎意料的是，克拉克带来了一个钱包的同时，也同时送来了一份屈辱，他们要把克拉克—洛克菲勒公司更名为克拉克—加德纳公司。他们将洛克菲勒的姓氏从公司名称中抹去的理由是：加德纳出身名门，他的姓氏能吸引更多的客户。

这严重刺伤了洛克菲勒的尊严，洛克菲勒当然非常愤怒！因为他同样是合伙人，加德纳带来的只是自己的那一份资金而已，难道他出身贵族就可以剥夺洛克菲勒的名分吗？一般人当然会据理辩争，可是，洛克菲勒忍下了，他告诉自己：你要控制住你自己，你要保持心态平静，这只是开始，路还长着哪!

洛克菲勒故作镇静,装作若无其事的样子告诉克拉克:"这没什么。"事实上,这完全是谎言。想想看,一个遭受不公平、自尊心正受到伤害的人,他怎么能有如此的宽容大度!但是,洛克菲勒用理性浇灭了自己心头燃烧着的熊熊怒火,因为他知道这会给他带来好处。

忍耐不是盲目的容忍,而是要冷静地考量情势,要知道自己的决定是否会导致结果偏离目标。如果洛克菲勒对克拉克大发雷霆不仅有失体面,更重要的是,它会给他们的合作制造裂痕,甚至招致洛克菲勒被踢出去的恶果。而团结则可以形成合力,让他们的事业越做越大,洛克菲勒的个人力量和利益也必将随之壮大。洛克菲勒当然懂得如何选择。

在这之后,他继续一如既往、不知疲倦地热情工作。到了第三个年头,他就成功地把那位极尽奢侈的加德纳先生请出了公司,让克拉克—洛克菲勒公司的牌子重新竖立起来!那时人们开始尊称他为洛克菲勒先生,他已成为富人。而克拉克—加德纳公司永远成了历史,取代它的是洛克菲勒—安德鲁斯公司,洛克菲勒就此搭上了成为亿万富翁的特快列车。能忍人所不能忍之事,才能为人所不能为之事。

在任何时候,冲动都是有志之人最大的敌人。一意孤行,不但不能化解危机,甚至还会带来更大的灾难。而如果忍耐能化解不该发生的冲突,这样的忍耐永远是值得的。记住,要天天把忍耐放在心上,它会给我们带来快乐、机会和成功。

生活中,有些人碰到类似这种情形,常常任凭自己的性情,顺着自己的情绪行事,如被人羞辱了,干脆就和他们干一架;被老板骂了,干脆就拍他桌子,丢他东西,然后自行走人!不敢说这么做就会毁了你的一生,因为人生的事很难说,有时甚至会"因祸得福"。但没有忍性,绝对会给你的事业造成负面的影响,而且不能忍的人"因祸得福"者并不多,大部分人都不甚如意,总是到了中年才会感叹地说:"那时真是年轻气盛啊!"

因此,**我们要想成就事业,就必须练就自己的忍功,不要让自己的美好前程败在一些无谓的细节上。**

有时候,有的人认为世界上最艰难的事情莫过于忍耐,因不能忍耐而造成重大损失的事比比皆是。

正如苏洵所说,要真正做到"忘其小丧而志于大得",将帅"必有取天下之才,有取天下之虑,有取天下之量"。勇有余而谋不足,或谋有余而量不足,或量有余而谋不足都是不行的。

"小不忍则乱大谋"。暂时的"忍"是为了今后成功的辉煌时刻。任何梦想要想一下子就成真是绝对不可能的,它需要人不懈地努力。在拼搏的路上学会了"忍",一个人就会在默默中努力,与他人宽容相处,不到成功,誓不罢休。

有位青年脾气暴躁,比较易怒,还常喜欢跟别人打架,因此,很多人都不喜欢他。

有一天,这位青年无意中游荡到大德寺,碰巧听到一休禅师正在说法。他听完后发誓痛改前非,于是对禅师说:"师父!我以后再也不跟人打架,发生口角了,免得人见人烦,就算是别人往脸上吐口水,也只是忍耐地擦去,而默默地承受!"

一休禅师听了青年的话,笑着说:"唉——何必呢,就让唾沫自己干了吧,何必去擦掉呢?"

青年听了,有些惊讶,于是问禅师:"那怎么可能呢?为什么要这样忍受啊?"

一休禅师说:"这没有什么不能忍受的,你就把它当作是蚊虫之类停在脸上,不值与它打架或者骂它,虽然被吐了唾沫,但并不是什么侮辱,就微笑地接受吧!"

青年又问:"如果对方不是吐唾沫,而是用拳头打过来时,那可怎么办呢?"

一休禅师回答:"这不一样嘛!不要太在意!这只不过一拳而已。"

青年听了,认为一休禅师说的实在是岂有此理,终于忍耐不住,忽然举起拳头,向一休禅师的头上打去,并问:"和尚,现在怎么办?"

一休禅师非常关切地说:"我的头硬得像石头,没什么感觉,倒是你的手大概打疼了吧?"

青年愣在那里,实在无话可说了。

当一个人受到戏弄、打击、污辱时，就会怒火中烧。暴躁易怒的人，动辄发火、伤身、害人、损物。有句话说得好：忍他人之不能忍，方为人上之人。忍，实在是一种高深的处世之道。小忍可以避免争端，大忍可以大事化小，并且可以修身养性。要以宽广的心胸去待人处世，逐步养成宽怀大度的品质。

心灵悄悄话

对于做大事者来说，忍辱负重是成就事业必须具备的基本素质。当你处于弱势时，就很难有施展自己的空间，犹如困兽一般。能在各种困境中忍受屈辱是一种能力，而能在忍受屈辱中负重拼搏更是一种本领。不忍小则不能成大谋，凡成就大业者莫不明白此理。

进退自如之道

有一首形容农夫插秧的诗:**"手把青秧插满田,低头便见水中天;身心清净方为道,退步原来是向前。"**有的人为了功名富贵,不顾一切地向前争取。有时前面是险坑,跌下去会粉身碎骨;有时前面是一道墙,撞上去会鼻青脸肿。如果这时候懂得以退为进,转个弯、绕个道,就会发现世界还有其他更宽广的空间。

我们在谈到成功之道时,更多地强调要有一种勇往直前的精神,一种积极进取的精神。但是,有时候,一味地硬冲硬打未必是一种最好的方法,以退为进也是一种人生的策略。

《菜根谭》上说:"路径窄处,留一步与人行;滋味浓处,减三分让人尝。此是涉世一极安乐法。"**留一步,让三分,是一种谨慎的处世方法,适当的谦让不仅不会招致危险,反而是寻求安宁的有效方式。**个人交往中,除了原则问题必须坚持,对于小事,对于个人利益,谦让一下会带来身心的愉快,以及和谐的人际关系。有时,这种"退"即是"进","予"就是"得"。

退却是为了蓄势前进,让步是为了进步,之所以能够这样,因为主动退让,一可以缓解矛盾对立双方的攻势压力,二可以为自己赢得时间,积蓄能量。此外,还可以赢得外界的支持。"时""势"的问题,在某些特定的时间里、环境下,采取以退为进的方法,也是一种积极的人生策略,而并非是消极退让。

肯尼迪当选美国总统之前,在竞选美国参议员的时候,他的竞选对手在最关键的时候轻易地抓到了他的一个把柄:肯尼迪在学生时代,因为弄虚作假而被哈佛大学退学。这类事件在政治上的威力是巨大的,竞选对手只要充分利用这个证据,就可以使肯尼迪诚实、正直与道德的形象蒙上一层阴影,使他的政治前途黯然无光。一般人面对这类事情的反应不外是极力否

大气——笑而不答心自闲

认,澄清自己,但肯尼迪很爽快地承认了自己的确曾犯了一项很严重的错误,他说:"我对于自己曾经做过的事情感到很抱歉,我是错的,我没有什么可以辩驳的余地。"肯尼迪这么做,等于说"我已经放弃了所有的抵抗",而对于一个已经放弃抵抗的人,你还要跟他没完没了吗?如果对手真的继续进攻了,就显得对手没有一点风度。所以,我们应记住一个基本原则:一个人既然已经承认错误了,那么你就不能再去攻击他,再去跟他计较。

在与人交往的时候,为了达到某种目的,不妨让自己的头脑灵活些,欲擒故纵、以退为进都常常会取得出人意料的良好效果。在军事斗争上,进攻太急有可能激起敌人的疯狂反扑,而有意让敌方逃走,也可以达到削减他们兵势的目的。紧紧地跟在逃敌之后,不要逼近他们,等到他们累得没有气力、斗志逐渐磨灭、战斗力削弱的时候,一举将其全歼,这样就可以取得战争的最后胜利。

欲擒故纵,其意是为了捉住敌人,事先要放纵敌人。这是一种放长线钓大鱼的计谋。诸葛亮七擒孟获,就是军事史上一个"欲擒故纵"的绝妙战例。

蜀国建立之后,便定下北伐大计。当时西南夷酋长孟获率十万大军侵犯蜀国。诸葛亮为了解除北伐的后顾之忧,决定亲自率兵降服孟获。蜀军主力到达泸水附近,先在山谷中埋下伏兵,诱敌出战,将孟获诱入伏击圈内,使之兵败被擒。可是诸葛亮决定对孟获采取"攻心"战,断然释放孟获。孟获表示下次定能击败蜀军,诸葛亮则笑而不答。

孟获回营后,将所有的船只据守泸水南岸,阻止蜀军渡河。诸葛亮趁敌不备,在敌人不设防的下游偷渡成功,并袭击了孟获的粮仓。孟获暴怒,要严惩将士,激起了将士的反抗,于是,将士们相约起义,趁孟获不备,将孟获绑赴蜀营。诸葛亮见孟获仍不服气,就再次把他释放。以后孟获又用了许多计谋,但都被诸葛亮一一识破,孟获又四次被擒,但都被释放了。最后一次,诸葛亮火烧了孟获的藤甲兵,孟获第七次被擒。孟获终于感动了,他真诚地感谢诸葛亮七次不杀之恩,誓不再反。从此,蜀国西南安定了,诸葛亮彻底消除了后顾之忧,全力举兵北伐。

诸葛亮在第一次诱擒孟获后,擒拿敌军主帅的目的已经达到,敌军在短时间内也不会有很强的战斗力了，此时如果乘胜追击，便可大破敌军。但是诸葛亮考虑到孟获在西南夷中的威望很高，影响很大，只有让他心悦诚服，主动请降，才能使南方真正稳定。如若不然，南方的少数民族部落不会停止侵扰，蜀国的后方就难以安定。因此，诸葛亮才一次次不辞劳苦地擒拿孟获，又轻易将他放掉，因为他要获得的不只是一个西南夷酋长孟获，而是整个蜀国后方的安定。

以退为进，欲擒故纵，在现实生活中也常为人所用。当你请求别人帮忙时，如果一开始就提出较大的要求，很容易遭到拒绝，如果你先提出较小要求，待别人同意后再增加要求的分量，则更容易达到目标。

引擎利用后退的力量，反而引发更大的动能；空气越经压缩，反而越具爆发力；军人作战，有时候要迂回绕道，转弯前进，才能胜利；很多时候，我们要想成就一件事情，必须低头匍匐前进，才能成功。

古代的先贤圣杰，从官场利禄之中退居后方，是为了再待机缘；有些能人志士隐居山林，是为了等待圣明仁君。有的人非常重视"韬光养晦"，有的人等待"应世机缘"，有的饱学之士都懂得"进步哪有退步高"的道理。

心灵悄悄话

退却是为了蓄势前进，让步是为了进步，之所以能够这样，因为主动退让，一可以缓解矛盾对立双方的攻势压力，二可以为自己赢得时间，积蓄能量。此外，还可以赢得外界的支持。"时""势"的问题，在某些特定的时间里、环境下，采取以退为进的方法，也是一种积极的人生策略，而并非是消极退让。

大气——笑而不答心自闲

妥协的艺术

300 多年前,意大利著名天文学家伽利略说:"你不可能教会一个人任何事情,你只能帮助他自己学会这件事情。"英国 19 世纪政治家查士德斐尔爵士曾对他的儿子说:**"如果有可能的话,要比别人聪明,却不要说你比他聪明。"**

不要在别人面前表现出高人一等、知识渊博。即使你真的见多识广、高人一等,也不要表现出来,否则,没有人愿意与你交往,因为与你在一起他会觉得自卑。有时候,适当妥协、退让也是一种智慧。

然而,在一些人的眼中,妥协似乎是软弱和不坚定的表现,似乎只有毫不妥协,方能显示出英雄本色。但是这种非此即彼的思维方式,实际上是认定人与人之间的关系是征服与被征服的关系,没有任何妥协的余地。

2004 年 4 月 21 日,在华盛顿,第 15 届中美商贸联委会仅用了 4 个半小时的会谈时间,便就知识产权保护、美国对华高科技出口等重要议题达成共识,并签署了八项协议和换文。双方均称赞这次中美商贸联委会取得了"圆满成功"。美国商务部长埃文斯则称这次会谈是中美关系发展史上的"里程碑"。这的确是一次十分成功的合作会谈。

任何一次成功的谈判都离不开谈判双方的妥协,这次会谈当然也一样。在这次会谈的过程中,中国代表表现出了友好协商、共同合作态度,而中国持这种态度实际上是采取了一种"退一步,是为了进两步"的战略,**暂时的妥协是为了更长远利益的实现,局部的让步是为了整体利益的平衡**。从美国贸易代表办公室公布的双方谈判结果来看,中方作出了不少重大让步,如中国承诺无限期延长原定在 2004 年 6 月 1 日强制实施的无线局域网加密标准的实施时间。

中国方面作出的这些让步和妥协是十分必要而且也是非常值得的,因为作为世界上最大的发展中国家,中国要发展出自己的高新技术,就需要用比较低的成本学习和率先模仿他国的技术，如果不愿意在当前付出相应的代价，那么国家以后的高新技术发展就会受到更大的阻碍。

此外，中国还在知识产权保护方面作出了许多让步。过去，美国经常抱怨中国在知识产权保护方面的力度不够，现在中国的这些做法显然让美国看到了中国人的决心和合作诚意。面对中方作出的这些让步，美方也同意在知识产权的作价上适当考虑中国市场的承受能力。这就意味着西方发达国家的公司有可能适当降低知识产品的售价，扩大同中国公司技术合作的范围和深度，以利于中国消费者以比较合理的代价来学习和使用这些知识产品，最终通过合理价格扩大知识产品的市场。这些让步使得这次会谈又达成了一项重要协议，即中国承诺在 2004 年年底以前，将把更多的知识产权侵害列入刑事处罚调查之中，其中包括进口、出口、销售盗版产品，甚至网络盗版也将被列入刑事处罚。中美双方达成这项协议无疑促进了中国同所有西方发达国家更加深入和广泛的合作，这不仅有利于中国知识产权环境的优化，而且也利于发达国家知识产品的市场开拓和推广。

另外，中国还通过"退一步，进两步"的积极妥协战略获得了美国对华高技术出口管制的放宽，而相关协议的生成对于中美双方来说更是意义深远。这次会谈双方还建立了"高技术最终用户访问"机制，这大大促进了双方的贸易增长。美国方面过去心存疑虑，担心出口高科技项目到中国后的非民用用途。这次的举措则消除了现有疑虑，大幅增加了美国公司对华的高科技出口，提高了美国的对华贸易额，弥补了贸易逆差，增加了国内就业，刺激了美国经济增长。由此看来，中美双方"高技术最终用户访问"机制的建立确实十分有利于双方长远利益的共同实现，也有利于中美双方在这方面实现更大程度的合作双赢。

只要妥协符合双方的长远利益，那这样的妥协就有利于谈判各方全盘优势的实现。**也许从眼前或局部来看，妥协是一种付出，但这种付出是为了更长远、更重要的收获，这种付出绝对不是损失，而是一种获取利益的科学战略。**在市场经济下所形成的买方市场，买家与卖家的关系变为相互依赖，使得讨价还价流行开来。在这种情况下，如果不肯作出任何妥协、忍让，那只能失去自身的生存与发展的机会，成为最终的失败者。

在现代生活中，妥协已成为人们交往中一道不可缺少的润滑剂，发挥着越来越重要的作用。在市场上，买家与卖家经过讨价还价，最终以双方的互相妥协而成立。在国际冲突中,冲突双方各自作出让步,最后也以双方的妥协来解决冲突和纠纷。

俗话说,家家有本难念的经。每个家庭都免不了会吵架、斗嘴,也因为这样的关系,很多本来圆满的家庭破裂,为什么不能各自让一步呢?

他们家里每次争吵斗气,最后先低下头的那个人肯定是她。她安慰自己,"没关系,成熟的稻穗才会弯腰"。如果她和丈夫一样意气用事,不懂得先弯腰,那么他们的婚姻之船说不定早就在两个人的冷战和赌气中触礁沉没了。

她懂得弯腰,这说明她比丈夫更懂得如何在婚姻中经营爱情,说明她比丈夫更成熟。只是,要两个人都懂得弯腰,这样的婚姻才更有弹性。

可她的一次次弯腰已经让丈夫在骨子里产生了优越感,他以为每一次她的让步都是因为她对他的爱要远远超过他对她的爱,所以,她可以低到尘埃里去。

她在心里暗笑着,准备找机会让丈夫懂得成熟的人才会弯腰这个道理。

秋天的时候,她拉着丈夫去了乡下。站在一片片金黄色的稻田里,她指着沉甸甸的稻穗问丈夫:"怎么它们一个个都弯着腰呢?"丈夫用教训白痴的语气对她说:"因为它们成熟了呗!"

她意味深长地重复着丈夫的话,是啊,因为它们成熟了!

那天,她和丈夫以金灿灿的稻田为背景合了一张影,这张照片拿去冲洗的时候,她特意要求工作人员加了这么一句话:懂爱的人会弯腰。这张合影放到了他们床头柜上,好几次,她发现丈夫的目光若有所思。

不久,他们又闹起了别扭,也可以说,是她故意找的碴儿。虽然她并不指望丈夫这么快就低头和妥协,但是这一次她决定一定要多坚持两天,看看丈夫的反应后再决定何时弯腰。终于等到第四天下午下班的时候,她接到丈夫的短信:晚上请你吃饭好吗?

她飞奔着去赴丈夫的约会,心里充盈着巨大的幸福。因为她那么清楚地看到,丈夫也学会了用成熟的态度去经营婚姻。

只有两个人都懂得了弯腰的道理,婚姻才能走得更远。家庭生活中,没有绝对的对和错,更不存在仇恨,床头吵架床尾和,希望世间所有的家庭能幸福长久。

在现代生活中,适当妥协不仅是一种智慧,而且是一种美德。能够妥协,意味着对对方的尊重,意味着将对方看得和自己同样重要。在个人权利日趋平等的现代生活中,人与人之间的尊重是相互的。只有尊重他人,才能获得他人的尊重。因此,善于妥协就会赢得别人更多的尊重,成为生活中的智者和强者。

心灵悄悄话

不要在别人面前表现出高人一等、知识渊博。即使你真的见多识广、高人一等,也不要表现出来,否则,没有人愿意与你交注,因为与你在一起他会觉得自卑。有时候,适当妥协、退让也是一种智慧。

大气——笑而不答心自闲

无为而治

在驾驶汽车或者乘坐汽车时,细心的人会发现这样一个现象:当装载重物的汽车爬坡爬得气喘吁吁的时候,司机总是减挡,而不是加挡。

从"汽车爬坡减挡"这一现象,联想到我们现实生活,也会让人有所启发。古人云:**"欲速则不达。"**意思就是说在遭遇挫折和困难的时候,如果我们一味地强求速度,追求结果,在工作过程中不讲究方式方法,往往会适得其反,撞得头破血流,而且也不能达到预期目的。正如装载重物的汽车爬坡一样,如果驾驶汽车的人采取只进挡不退挡的方式,发动机就会熄火,汽车就会失去前进的动力,甚至有连人带车一起滑下坡的危险!

所以,在生活中我们不妨借鉴"汽车减挡爬坡"的做法,学会以退为进,三思而后行。**遇到困难和挫折,切莫急于求成,要沉着应对,多换几个角度想问题、找办法,那么你将会绝处逢生,还可能会有"柳暗花明又一村"的新发现。**

美国独立战争中,在最黑暗、最失落时,华盛顿将军率领的美国军队,不断后退,从休斯敦到新泽西,从大河边退到大山中。战士们在抱怨,军官们在彷徨,他们质问华盛顿:"我们要往何处去? 到底还要后退多久?"华盛顿回答说:"如果良机没有出现,我们将不断后退,越过美国的每一道高山,越过大地的每一条河流,直到出现击败英国人的机会。"

在战争艺术中,成败的关键不在于进退攻守之得失,不在于一城一地之得失,而在于全歼敌人的有生力量,伤其十指不如断其一指。以退为进,以守为攻,放弃城市,放弃要塞,拉长战线,做大纵深阻击,都是为了一个目的,消耗、迟滞、疲劳、拖垮敌人,而自己积聚有生力量,以逸待劳,等待时机出现。

读书的人，希望每日进步；经商的人，希望日进斗金；有的人一遇到利益，总想得寸进尺。其实，做人做事有时更需要以退为进！

人生苦短，世事茫茫。能成大事者，贵在目标与行为的选择。如果事无巨细，事必躬亲，必然陷入忙忙碌碌之中，成为碌碌无为的人。所以，一定要舍弃一些事不做，然后才能成就大事，有所作为。子夏说："虽小道，必有可观者焉；致远恐泥，是以君子不为也。"

著名作家王蒙说，一生要做许多事，一天也要做许多事。做一点有价值、有意义的事情并不难，难的是不做那些不该做的事。做出点成绩并不难，难的是能够以一种低调的姿态来看待自己的成绩，不骄傲、不炫耀。

很多人身上都有以下这些缺点：无谓的争执，漫无边际的自吹自擂，咋咋呼呼的装腔作势等，还有许多根本实现不了的一厢情愿，以及为这种一厢情愿而付出的巨大精力和活动。无为，就是不干这样的事。

无为而治，无为即顺其自然，在某些情况下，有为反而不如无为。无为要求我们不将责任看成负担，也要求我们不因有所获得而过分欣喜。"人法地，地法天，天法道，道法自然"。人既然存在于这个社会、这个世界，就必须承担起自己的责任。无论是社会还是国家赋予我们的何种使命或任务，我们都应坦然接受。信奉"无为"的人心中的目标和理智坚如磐石，他们相信只有心中无为，才会有所作为。

美国历史上的吉米·卡特总统是一位非常勤勉的领导人。但是由于当时美国处于极端困难时期，卡特清醒地意识到自己肩负的责任重大，因此常常感到力不从心，有时甚至被事务弄得晕头转向，苦不堪言。很快，在新一轮的美国大选中，美国人民以卡特无能为由，以绝大多数的选票把他撵下了台。

不能说卡特没有才能，也不可谓其不够聪慧，然而他太积极了，以美国当时的国际国内局势而言，不论是多么聪明的人都很难获得所有人的支持。卡特虽有敏锐的洞察力，但却因没有很好地判断局势而走向了失败。继他而起的总统里根却以无为代有为，深悉为职之道。里根没有过多地做什么，却令美国百姓感到他很神秘，以为他的才能是不可测的，他的无为而治反而使美国人民信心倍增。多年的国内社会局势动荡不安和对外受辱曾一度使美国人民萎靡不振，但经历这一切后，在里根无为的治理政治之下，美国人民开始重新振作。由此，这位无为的总统取得了美国人民的信任，并成为美国历史上最受欢迎的总统之一。

无为是低调者具有的一种独特品质，也是低调者心态上的一种具体体现。低调是一种豁达的耐性，无为是一种自在的聪明；低调是一种洒脱的态度，无为是一种沉稳的幽默；低调意味着一种境界、一种风度、一种气节，无为则是一种养生原则、处世原则、快乐原则。一个人只有具备了无为的风格，低调的心态，才算是具有了完美的人生。

有的时候，成功需要的是当局者丢卒保车的举动和具有远见的眼光。有所为，有所不为，是一个大将应该具有的能力。

无为而治，则是人们对道家理论的一种概括。一种更为流行的说法，认为："既然道是：无为，是顺应自然，那么人就应该安时而顺处，对一切都无所谓，'不乐寿，不哀夭，不荣通，不丑穷'也就是听天由命，毫不作为。"虽然最终由梁惠王归结到养生之道，但从庄子整篇寓言中，我们看到了道家的无为而无不为，从道家的无为进入有为的发展结果。

我们可以用一个比喻来形象地解释这句话。一个完整的房子包括房子的墙和顶，更重要的是房子墙壁和顶所构成的虚无空间。也就是说，墙壁和顶只是决定房子存在的先决条件，真正使房子有意义的是它的虚无空间。房子的存在是由于它所包含的虚无空间被使用。如果这个空间得不到使用，那这个房子也就失去了它存在的意义。它就不能被称为房屋。无为不是什么都不做，而是做好房子的墙壁和顶，不多做一点，也不少做一点。如果你少做一点，墙壁或屋顶有个洞，那房子就失去了它防贼或防雨的作用，如果多做了，把房子内的虚无空间也用墙或者其他什么填充了，那房子就不能起到它居住或作为仓库的作用。它也就不能被称为房屋，最多算一堵实心墙。

刘勰说："心生而言之，言立而文明，自然之道也"，"文章本天成，妙手偶得之。"宋朝张戒肯定了"胸襟流出"，"卓然天成"的自然之性情。清朝王国维说："古今之大文学，无不以自然胜。"《淮南子·原道训》说："**所谓无为者，不为物先也；所谓无不为者，因物之所为也。所谓无治者，不易自然也；所谓无不治者，因物之相然也。**"由此可见，这样的"无为"，比之于那种盲目的、违背物性事理的、不顾后果的、唯人类私为求的"有为"，具有更多的合理性和积极意义。

我们对待生活，也要有一种"无为"的态度。它以一种低调的心态来看待自己的得失，来对待自己的人生。无为是低调的核心内容之一。无为不是一种弱点，也不是一种错误。无为不是什么事情也不做，而是不做那些无效的、无益的、无意义的，乃至无趣无味无聊，而且有害有伤有损有愧的事。低调不是懦弱，也不是颓废。相反，低调显露一种柔弱、无为，却比强硬更有力，更能成就事业。

心灵悄悄话

无为而治，无为即顺其自然。在某些情况下，有为反而不如无为。无为要求我们不将责任看成负担，也要求我们不因有所获得而过分欣喜。"人法地，地法天，天法道，道法自然"。信奉"无为"的人心中的目标和理智坚如磐石，他们相信只有心中无为，才会有所作为。

大气——笑而不答心自闲

第四篇　大气人生之淡然

　　不可否认，追求名利确实是我们实现理想、完善自我的一种极为正常的方式，但这并不应该成为人生的全部意义所在。如果我们只把追求名利作为自己唯一的人生目标，过分地执着于此，那么就很有可能超出个人理智以及社会规范的限度。

　　权力、地位、财富，很少有人能够抵抗住它们的诱惑，而华盛顿不为所动，放弃了自己称帝，拒绝了许多手下向其献媚的冠冕堂皇的称呼。对于权力并不沉迷，这一系列的行为没有平和的心态是不可能做到的。正因为此，他得到了美国人民深深的怀念和长久的尊敬。

粪土当年万户侯

指点江山,激扬文字,粪土当年万户侯。

——毛泽东《沁园春·长沙》

生活的道路是很宽阔的,人生的价值并不全是能用名和利可以衡量的,因此若想活得有滋有味,就应该在名利的砝码上减轻几分。看开名利,看淡名利,这样才能尽享人生的乐趣,活出生活的本色。

孟子曾经说过:"养心莫善于寡欲。其为人也寡欲,虽有不存焉寡矣;其为人也多欲,虽有存焉寡矣。"意思是讲,**如果一个人心中的欲望是很有限的,那么对于他来说,外界获得的东西是多是少都与自己无关。**少了不足以产生内心的不平衡,而多了也不会助长他的欲望。而若一个人充满着无尽的欲望,那么他永远也不会有舒心的时候。在名利的驱动下,欲望一次次提升,如此循环下去,永远追求着名利,直至生命的尽头仍然不会满足。如果人一生都被"名利"二字役使,那么终生都不会享受到生活原本的快乐。

要说活出人生趣味、人生本色的人,我们不难想到那位以梅为妻,以鹤为子的林逋。

林逋,字君复,钱塘(今浙江杭州)人,是北宋著名的隐士。他从小失去父母,家境贫寒,有时连饭都吃不上。但他发愤读书,好学上进,最终成就一代文士。

林逋性情恬淡好古,虽然才高却不慕名利,他讨厌世人阿谀奉承、追逐名利的陋习。于是,终身没有应试科举,年轻的时候游历于江、淮之间,至中晚年归居杭州,在西湖孤山结庐隐居,二十多年没有进城。真宗皇帝闻其贤名,赐他粟帛,诏命地方长官须"岁时劳问"。

林逋脾气很怪,既不娶妻,更不要子,但却酷爱梅花、白鹤。他常常四处寻访，但遇佳奇品种，便用重金购来，置于住所四周。相传，林逋在山上种了365棵梅树，平日除草，施肥辛勤劳作。待到梅子熟时，就有成群小贩前来买他的梅子。他卖梅子不是按斤论两而是根据每树梅子多少来判断，估价公道。所以商贩们都喜欢买他的梅子，他还准备了365个竹筒，把每棵树卖下的钱分别装入竹筒里编上号。不管有客人、无客人或是客人多、客人少，一天用一竹筒梅子的钱过生活，绝不多用一文。

闲暇之际，他能书善文，尤长于诗赋，他的诗词澄浃峭特，跌宕回环，常不待思索，挥毫而就。但他每次写完，略一吟咏，即随手撕掉。有人问他："何不抄录下来，留给后人呢？"林逋说道："我在山林壑谷中隐居，现在尚且不想以诗出名，哪还希图名扬后世呢？"不过，对于梅的偏爱，还是让他留下了有关梅的传世名句："疏影横斜水清浅，暗香浮动月黄昏。"（《山园小梅》）

林逋的另一爱好就是养白鹤。他养了两只白鹤，其中一只取名"鸣皋"。每逢客人来访，林逋不在，童子便开笼放"鸣皋"翔云报信。诗人见鹤，即回家会客。要是家里没有足够招待客人的饮食，林逋就打个忽哨，白鹤立刻飞来，站在他面前。他把钱和纸条装在一只袋里，挂到白鹤颈上，让白鹤飞往市里买鱼肉酒菜。那些商贩见白鹤飞来，知道先生来了客人，就按纸条所开货物收钱付货，交白鹤带回。他一个人的时候就会和白鹤一起玩耍，自得其乐。

林逋如此喜爱梅花白鹤，人们就说他"梅妻鹤子"（以梅为妻，以鹤为子），看来这并非夸张之辞。后来，他的这个名声传播出去，也成为传世趣闻。

林逋闲居无事时，曾经在茅草屋旁自筑墓穴。临终之前，曾遗诗后人，其中有**"茂陵他日求遗稿，犹喜曾不封禅书"**之句。自喜一生不为天命君权所苦，隐居生活飘逸自乐。他死后，真宗皇帝还赐号"和靖先生"。至今，在孤山北麓，仍立一小亭，人称"放鹤亭"。这是元朝人为纪念林逋而修造的。亭内置有清朝康熙皇帝临明朝书法家董其昌写的《舞鹤赋》。冬末春初，登亭远眺：各色梅花争奇斗艳，竞相怒放，蔚然可观。鉴赏家们认为，孤山放鹤亭一带，是西湖赏梅胜地，梅花盛世历千年而不衰。

林逋隐居生活的闲适安然、潇洒无拘，着实让人羡慕，但这种生活状态也不是轻易就能得到的。它要求人必须无意于功名，不贪图利禄，将世俗一

大气——笑而不答心自闲

切全都抛开，让身心无拘无束，这样，生命回归本真，生活回归自然。

当然，在如今社会要做到这一点，是很不容易的，不过，只要不把名利看得过重，还是能够品味到本色的生活的。

心灵悄悄话

生活的道路是浪宽阔的，人生的价值并不全是能用名和利来衡量的，因此若想活得有滋有味，就应该在名利的砝码上减轻几分。看开名利，看淡名利，这样才能尽享人生的乐趣，活出生活的本色。

千金散尽还复来

天生我材必有用,千金散尽还复来。

——李白《将进酒》

在一些浅薄的人眼里,获取财富就是生活的目的,是自己一生的追求,所以他们成了财富的奴隶。

很多大气的人,总是把行善积德作为一条重要的人生信条,在别人遇到困难之时,他们定会慷慨解囊、全力相助。

这些浅薄的人为了抓牢财富,甚至得到更多,他们牺牲了自己的幸福,背离了自己的理想,但最终却变得一无所有。

而在一些心胸豁达、品行高尚的人眼里,财富是一种实现理想的手段、一种扶危济困的工具。

北朝魏齐时,赵郡平棘地方有个大善人叫李士谦。他从小就死了父亲,年轻时曾在魏广平王府当过参军,自从母亲去世后,一直没再做官。李士谦的家在赵郡是有名的大世族,非常富有,但他自己生活却很节俭。而且令人敬重的是,他对别人很慷慨,常常施舍钱财,救济穷苦百姓,以助人为乐。

有一年闹春荒,许多人家断了粮,揭不开锅,李士谦就从粮仓里取出一万石粮食,借给乡里的缺粮户度荒。也是这年夏天又遇上天灾,秋收也不好,借债的人无力偿还,都来向李士谦请求延期偿还。李士谦说:"我借粮给乡亲们是为了帮助大家度荒,不是为了求利。今年受灾歉收,借的粮食就不用还了。"他怕欠债人不放心,特意备办了酒席,邀请他们来家吃饭。在吃饭时,他搬来一个火炉放在院子中间,然后将所有的借据都拿出来,放在炉子旁边的方桌上。李士谦走到桌前,拿起两叠借据对大伙说:"这是乡亲们借粮的契约,现在当众烧毁,各位乡亲所借的粮,都不用还了。"说罢,将借据投入火炉,但见烈火熊熊,顷刻化为灰烬。

大气——笑而不答心自闲

第二年风调雨顺，五谷丰登，那些借过李士谦粮食的人，都争先恐后地来还债。李士谦的大院里挤满了人，他们齐声说："李参军去年救了我们的急，我们感激不尽，今年粮食丰收应该偿还才是。契约虽然烧了，我们心中都有数。若不还清借债，实在过意不去，请李参军收下吧！"李士谦拒绝收债，他对还债的农民说："去年的事不要提了。乡亲们有困难，我拿出点粮食救济大家算得了什么！今年虽然丰收，你们家底薄，仍不宽裕，还是拿回去吧！"还粮的人好说歹说，他就是不收。

过了几年，赵郡一带发生特大旱灾，赤地千里，颗粒不收。老百姓吃树皮草根，到处是逃荒的饥民，真是哀鸿遍野，饿殍载道。李士谦设了许多粥棚，每天两次供应饥民稀饭。由于李士谦的救济，得以生存下来的有上万人。

李士谦不仅救助那些活着的人，让他们免于饥饿的威胁，就是对于那些不幸饿死的人，他也是毫不吝啬地拿出自己的钱财，收埋死者的尸骨。到了春天，他又拿出粮种，分给贫困户，帮助他们恢复生产。李士谦这种行为，受到了人们的广泛赞扬，赵郡的农民都很感激他，许多人抚摸着子孙的头说："这孩子是因为李参军的恩惠才活下来的。"

又有一年，赵郡一带瘟疫流行，夺取了许多人的生命，更多的人则卧床不起。到处是死神的肆虐，到处痛苦的呻吟和悲号。李士谦又尽自己的财力救死扶伤，一面掩埋死者的尸体，一面配制药品医治病人，并给他们送去食物，为此他用掉了万余石粮食。

李士谦广有财富，但是他却没有像很多富人只管自己享受，而对当时的穷人食不果腹的情况置之不理，而是屡次慷慨解囊，数次竭力相助，帮人们解决危困。

李士谦乐善好施三十年，他的慷慨、大气赢得了老百姓的尊敬，以至于隋文帝开皇八年他去世时，赵州的男男女女听到这一噩耗，如丧考妣，无不痛哭流涕。在李士谦出葬那天，从四面八方赶来参加葬礼的，多到万余人。人们身穿白色孝衣，头戴白色孝冠，捶胸顿足，哭声震天。

有人说，做一件好事不难，难的是做一辈子好事。而李士谦做成了这件难事，一连做了三十年，帮助当地百姓度过天灾。如果没有心系百姓、乐善好施的大气魄，是绝对做不到的。

我们都知道，**钱财乃身外之物，生不带来，死不带去**。死守财富而不用，那财富没有什么意义，如同一些废纸；但如果能用它来做善事，扶危济困，不仅可以帮助别人渡过难关，而且自己也会从这些善举中收获快乐的心情。正所谓"赠人玫瑰，手有余香"。

心灵悄悄话

在一些浅薄的人眼里，获取财富就是生活的目的，是自己一生的追求，所以他们成了财富的奴隶。为了抓牢财富，甚至得到更多，他们牺牲了自己的幸福，背离了自己的理想，但最终却变得一无所有。而在一些心胸豁达、品行高尚的人眼里，财富是一种实现理想的手段、一种扶危济困的工具。

大气——笑而不答心自闲

富贵于我如浮云

丹青不知老将至，富贵于我如浮云。

——杜甫《丹青引赠曹将军霸》

富贵，在芸芸众生眼里，是极具诱惑力的，但是在大气的人眼中，却只不过是过眼烟云，转瞬即逝。 所以，他们能够正确地看待人生，不会为权力、地位、金钱的诱惑而放弃人生的道德准则，他们的心境坦然而又平实。

平和的心态是人们在生活中经过千锤百炼而达到的一种崇高的境界，一种高深的修养。具有平和心态的人，能够正确地看待人生，永远可以保持悠然、恬静和健康的身心，从而显得从容有致、胸怀博大。

被西方誉为"美国国父"的乔治·华盛顿，就是一位心胸坦然、从容有致、心态平和的人。

美国独立战争胜利后，华盛顿以他拒当国王的行动，维护了共和制，迈开了创建民主共和制国家的坚实的第一步。第二步，他主持制宪会议，制订出具有丰富民主因素的美国宪法。1787年的美国宪法是世界上第一部完整的资产阶级成文宪法，是一部进步的、稳定的、受历代美国人民尊重的宪法。

1789年2月，华盛顿当选为总统。此时的华盛顿在给妻子的信中写道："你应当相信我，我以最庄严的方式向你保证，我没有去谋求这个职位，相反，我已经尽我所能竭力回避它，除了因为我不愿意与你和家人离别，更重要的是，因为我自知能力不足，难以胜任此重任。我宁愿与你在家中享受一个月人间的天伦之乐，这比我在异乡待四十九年所能找到的欢乐要多得多。既然命中注定委任于我，我希望能够通过接受此任来实现某种崇高的目的。……"

两个多月后，华盛顿到临时首都纽约，准备上任。这时却冒出一个"上尊号"问题。原来,参议院中的一些人提出,为了表示对华盛顿的尊敬和谢意,除了"总统"这一称号,还应再献上一个"尊号",于是,"民选的君主陛下""民选陛下""最仁慈的殿下""合众国权利的保卫者""合众国总统殿下""美利坚合众国总统殿下"和"美利坚合众国权力的护国主"等"尊号"便被提出来了。有人还称,副总统、参议员和众议员也应有相应的"尊号"。一些已当选的虚荣心极重的官员,对此事异常热心。一时之间,闹得沸沸扬扬。华盛顿不赞成用"尊号",对主张上"尊号"的人极为厌烦。他认为,无论给总统添加什么"尊号",都会带来负面影响,直接的后果是引起拥护共和制的人们的怀疑和忧虑,使他们对总统和新政府失去好感。由于华盛顿的反对,加之众议院有不同的意见,最后参、众两院决定按宪法规定的正式称号,直呼华盛顿为"合众国总统",不加其他任何"尊号"。这一称呼从此成为定式,沿用至今。

在华盛顿看来,由选举产生的各种官员都必须实行任期制,这是民主的一个重要体现。既然1787年美国宪法规定总统任期为四年,期满卸任,理所当然。华盛顿说:"依我看,除非道德败坏,政治堕落已到不可救药的地步,否则总统延长任期的阴谋,绝无可能得逞。哪怕一时片刻,亦无可能——更不必说永久留任了。"作为第一任总统,华盛顿的任期应至1793年3月3日结束。他不仅做好了期满卸任的准备,而且提前宣布不谋求竞选连任总统。他之所以作出这种选择,固然与厌倦党派斗争、身体状况欠佳有关,但更重要的是他希望为"民选官员的更迭"树立一个榜样,为建立民主共和制的试验画上一个圆满的句号。他认为,如果一直到停止呼吸才由副总统继任,这不就是终身制了吗?那和君主政体又有什么区别呢?虽然由于各方面的拥护与要求,华盛顿又担任了一届总统,但在第二届任期结束前一年,他就明确表示绝不再连任。

1796年9月,华盛顿出人意料地在费城一家报纸上刊登《告别演说辞》,向公众正式表达他绝不再连任的意愿。次年3月3日,在告别晚宴上,他"最后一次以公仆的身份为大家的健康干杯"。六天后,他带领家人踏上返回自己庄园的归程。其实,美国宪法只规定了每届总统的任期,并未对总统连任规定任何限制。从华盛顿的情况看,他若想连任下去不会有什么问题,甚至思想激进、民主意识鲜明的杰弗逊也曾认为华盛顿可以成为终身总统。但为了更圆满地实践民主共和制,华盛顿以自己的行动排除了总统终身制。

大气——笑而不答心自闲

这就开创了总统任职以两届为限的先例。在美国历史上，只有富兰克林·罗斯福连任四届总统。但这是特殊时期的一个特例。况且，第二次世界大战后，美国国会通过宪法第22条修正案，重新恢复华盛顿以实际行动立下的老规矩，明文规定："任何人不得被选任总统两届以上。"

1784年2月1日，华盛顿将自己离职以来的感受以明快的笔调告诉了大西洋彼岸的拉法叶特："亲爱的侯爵，我终于成了波托马克河畔的一位普通的老百姓了，在我自己的葡萄架下乘荫纳凉，听不到军营的喧闹，也见不到公务的繁忙。我此刻正在享受着宁静而快乐的生活。而这种快乐是那些孜孜不倦地追逐功名的军人们，那些朝思暮想着图谋划策、不惜灭他国以谋私利的政客们，那些时时刻刻察言观色以博君王一笑的大臣们所无法理解的。我不仅辞去了所有的公务，而且内心也得到了彻底的解脱。"

权力、地位、财富，很少有人能够抵抗住它们的诱惑，而华盛顿却不为所动，拒绝了许多手下向其献媚的冠冕堂皇的称呼。对于权力并不沉迷，这一系列的行为没有平和的心态是不可能做到的。正因为如此，他被载入史册。

心灵悄悄话

平和的心态是人们在生活中经过千锤百炼而达到的一种崇高的境界、一种高深的修养。拥有平和心态的人，能够正确地看待人生，他们不会为权力、地位、金钱的诱惑而放弃人生的道德准则，他们的心境坦然而又平实。拥有平和心态的人，永远可以保持悠然、恬静和健康的身心，从而显得从容有致、胸怀博大。

不辞羸病卧残阳

耕犁千亩实千箱,力尽筋疲谁复伤?

但得众生皆得饱,不辞羸病卧残阳。

——李纲《病牛》

自古,范仲淹的**"先天下之忧而忧,后天下之乐而乐"**的忧国忧民、无私奉献的博大胸怀让很多人为之感动,为之心潮澎湃。它给了我们这样的启示:做人就应该有淡泊名利、无私奉献的心境,要有为社会主义现代化建设事业献身的理想。

古代先贤尚且可以有"先天下之忧而忧,后天下之乐而乐"的情怀,我们现代人更应有淡泊名利、无私奉献的精神境界。

中国有句名言叫作:**"穷则独善其身,达则兼济天下。"**很多有为之人眼界开阔,当他们发达起来以后,目光不会仅仅停留在自己头上的一方天地,而是着眼于大众,看到天下苍生。他们会尽自己的努力去帮助他们,会把自己的力量无私地奉献给社会。

在欧美,为富者大都信奉大慈善家卡内基的名言:**"在巨大财富中死去是一种耻辱。"**乐于捐赠的欧美富豪在回馈社会的过程中,充分地享受着承担社会责任所带给自己的快乐,他们既赢得了社会的敬重,又获取了同业的信任。

美国钢铁大王卡内基临死时只给儿子留下很少一点钱,而把绝大部分资产放进了为慈善事业设立的卡内基基金会。现在,美国各地的很多公共图书馆都是用卡内基基金会的捐款建立的。

人类历史上的第一位亿万富翁洛克菲勒终生铭记一句箴言:"多挣钱为的是多奉献。"他一生极为俭朴,近于苦行僧,从童年到去世,没有享受过一天的奢华。取得成功后，他全身心地投入慈善事业，多方帮助穷人，为废除奴隶制而斗争。洛克菲勒先后建立了芝加哥大学和洛克菲勒大学，1909 年又创立了世界上最大的慈善机构——洛克菲勒健康和教育基金会，生前的捐款高达 5 亿美元。

世界首富比尔·盖茨的资产大约为 460 亿美元，但盖茨一直以来都表示要将财产的大部分捐献出去。盖茨和夫人梅琳达成立了"比尔及梅琳达·盖茨基金会"，是世界最大的慈善基金会。盖茨夫人梅琳达自 1996 年生下第一个孩子之后便辞去工作当起全职太太，并积极致力于基金会的慈善工作。

2006 年 6 月 26 日，世界第二大富豪、美国投资家沃伦·巴菲特在纽约公共图书馆签署捐款意向书，正式决定向 5 个慈善基金会捐出其财富的 85%，约合 375 亿美元。这是美国和世界历史上最大的一笔慈善捐款。

从当年的"石油大王"洛克菲勒和"钢铁大王"卡内基，到当代的盖茨和巴菲特，在美国，关心慈善事业，捐献大笔善款，早已成为富豪们义不容辞的一项义务。正如盖茨本人曾说的，巨额财富对他来讲，"不仅是巨大的权利，也是巨大的义务"。

而在中国，多数富豪觉得，财富最好用在财富的再造上，去做一些无谓的捐赠没有多大意义。李嘉诚正是因为痛感于国人的这种错误意识，所以一直在致力于以个人的努力推动华人社会的慈善意识。李嘉诚在"花钱"上以简朴著称，但在强调"肥水不流外人田"、缺乏回馈社会风气的华人商界，他勇于展示自己"奢侈"的一面——几乎每年都向内地捐助 1 亿元以上的资财，兴办大量公益事业。李嘉诚曾说："我现在的事业，是有比较大的发展，但对我来说，我最看重的，是国家教育和卫生事业的发展。只要我的事业不破产，只要我的身体还好，脑子还清楚，我就不会停止对国家教育卫生事业的支持。"

当一个人把奉献的目光扩及自己的家人、社区、社会乃至更大的世界，透过无私的奉献，你将会得到恒久的成就感。那时，这个人自己就是一个英雄，一个真正的成功者。

其实，也不是非要等到大富大贵之时才能伸手帮助别人。在生活中，处处可以奉献。当别人碰上困难，伸出援助之手去帮助他，哪怕只是一丁点儿忙也好，只要尽了一己之力，即使微不足道，也会有很大的意义，这可能会让他感到人间的温暖，重新振作起对人生的希望。所以，遇到需要帮助的人时，千万不要袖手旁观，要知道，一句暖人心扉的话、一份富有爱心的赠予，都是奉献，它不在多少，而在于你做了没有。

一个人如果能够不断地独善其身并兼济天下，那他就明白了人生的真谛。那种精神不是金钱、名誉、赞美所能比拟的。只有拥有奉献精神的人才会取得真正的成功，而奉献也正是一个人成功价值的最好表现。

心灵悄悄话

中国有句名言叫作："穷则独善其身，达则兼济天下。"很多有为之人眼界开阔，当他们发达起来以后，目光不会仅仅停留在自己头上的一方天地，而是着眼于大众，看到天下苍生。他们会尽自己的努力去帮助他们，会把自己的力量无私地奉献给社会。

大气——笑而不答心自闲

只留清气满乾坤

我家洗砚池头树，朵朵花开淡墨痕。

不要人夸颜色好，只留清气满乾坤。

——王冕《墨梅》

企图用虚荣心去支撑荣誉的大厦，结果只能是徒劳。唯有真诚、坦然、自信的品质，才会使这块荣誉之牌熠熠生辉。

培根说：**"真正之名誉，在虚荣之外"**，"名誉像一条河，轻飘而虚肿地浮在上面，沉重而坚实的东西沉到底下。"巴斯卡告诉我们：**"虚荣心在人们的心中如此稳固，因此每一个人都希望受人羡慕，即使写这句话的我和念这句话的你都不例外。"**这只是指一般人的正常心态，但虚荣心过强会给人带来无穷的烦恼，甚至是灾祸。

西晋的大臣石崇是一个极其爱慕虚荣的人。为了在财富上战胜王恺，他大肆挥霍财富。王恺用麦糖洗锅，他就用白蜡做柴；王恺用紫色丝绸做锦步障四十里，他就用织锦做步障六十里。石崇的富贵比得过当时四豪，豪华盖得过五侯。菜园绿色一片，像春天一样，但季节却是冬天；锦障连绵不断，在山川之处隐约可见。但是也正是因为这些巨额财富，石崇后来被赵王司马伦所杀。母亲、哥哥和妻子儿女都被杀害。

这就是因为虚荣而与人攀比、夸富的下场。而晋代的王济比石崇尤甚，他竟然在皇帝面前摆阔，抖威风，结果惹得龙颜大怒。

晋代王济，字武子，娶常山公主为妻，被提升做侍中。他的父亲王浑，曾平了吴国，立下军功，做了尚书仆射。王济宗族门徒势力相当强盛，多有风流倜傥豪迈直率之辈，豪气盖过当世。当时武帝亲自去王济家赴宴，宴席安排得极为丰盛。所有的东西都用琉璃器皿盛着，侍奉的女婢有一百多人，都穿着绫罗绸缎，用手托着丰盛的珍肴随时上席。蒸猪很肥美，和一般的味道很不一样。皇帝很奇怪，就问是怎么做的，王济回答说："是用人奶蒸的。"皇上脸色很不高兴，没吃完就走了。这王济竟然把谱摆到了皇帝面前，可见其是如何的嚣张了。不过惹怒了龙颜，他接下来的日子未必好过。

博得众人的交口称赞，获得极佳的名誉，这是很多人都非常渴望的事情，但是这些要靠自己的人格魅力。

人的一生是要经历许多阶段的，比如说纯真无邪的少年时代，激情如火的青春岁月，厚重沉稳的中年时期，从容淡定的人生暮年。每个时候都有独特的风景，每段岁月都会给人不同的感受。可进入中年的她，突然间感觉自己，一下从躁动中宁静下来了，不经意间就有了种坐看云起云舒，我自心境如水的超然。

她感到在无意中，一切都漫漫地淡下来了，常常会挂着淡淡的微笑，给人一种和谐温馨之感；常常看淡名利和物质，却看重人与人之间的感情，常常不会冲动行事，也不会轻易后悔，她会为自己的决定负责。可当她一旦爱上一个人，一定会坚守自己的那份爱，爱情的保质期是"永远"。

她还会在秋阳明丽的早晨或午后为自己沏一壶香茗，手捧一本书细细品味，慢慢欣赏。她懂得什么是智性美，她更愿意在闲暇的时候去学习书法音乐美术，或者去充电接受最新的科技知识，来提高自己的修养和品位，她不会把时间浪费在世俗的纷争和无聊的麻将中，更不会和别人去攀比高档名牌的服饰和虚荣的炫耀，她知道真正的美丽一定是由内而外散发出来的。

可是她也记得不久前还在为工作上的事烦恼不已，什么上司不赏识呀，工作业绩不突出啦，还有同事之间不服气了，等等。整个身心陷进了争强好胜的泥沼里，苦苦挣扎，不能释怀，可是到了中年一切就都云开日出了，不是不努力工作，只是觉得自己尽力就问心无愧了，至于结果就不会去过多考虑了，这样反而同事之间的关系和谐了，人的精神就愉快了，心胸也宽广了。

她想每个人的一生中的某个阶段是需要某种热闹的，那时候饱涨的生命力需要向外奔突，就像急湍的河流一样。但一个人不能永远停留在这个阶段。经过了激烈的撞击之后，生命就来到了一块开阔的谷地，汇蓄成了一

大气——笑而不答心自闲

片浩瀚的的湖泊。这时就会变得异常的平和宁静，这种脱离了世俗的宁静，是以丰富的精神内涵为依傍的。它是一种超脱，一种繁华落尽见真情的纯粹，一种精神的升华。托尔斯泰曾经说过："随着年岁的增长，我的生命越来越精神化了"。说的就是这样的感触。

人淡如菊，就是一种丰富的精神安静。具有这种品格的人，能够浸润在风晨雨夕，面对着阶柳庭花，听得到自然的呼吸，感受得到自然的脉搏。这时，斗室便是八极，内心顿成宇宙；这时，精神就会富有，心胸就会博大；这时，便拥有了一份澄明清澈，一份从容淡定。人生就从此不寂寞了。

心灵悄悄话

为了自己的虚荣心，投机取巧最终只能换来众人的嘲笑。有些人因家境不好，他们总是极力掩饰自己的出身，只为了一个面子、一个虚荣心。当别人用其出身羞辱他时，他们恨不得找个地缝钻进去。其实他们大可不必这样做。要想得到真正的荣誉，你需要的只是坦然、真诚以及展示出自己有魅力的人格。

又要朝中挂紫衣

终日奔波只为饥,方才一饱便思衣。
衣食两般皆具足,又想娇容美貌妻。
娶得美妻生下子,恨无田地少根基。
买到田园多广阔,出入无船少马骑。
槽头扣了骡和马,叹无官职被人欺。
县丞主簿还嫌小,又要朝中挂紫衣。
作了皇帝求仙术,更想登天跨鹤飞。
若要世人心里足,除是南柯一梦西。

——清朝胡澹淹《解人颐》

古往今来,很多人因贪婪而身败名裂,甚至招致杀身之祸,驱使他们做出种种抉择的动力便是不可控制的贪欲。**贪欲,是人们为自己亲手挖下的陷阱。**

一生之中,你多少会遇到一些陷阱,而这些陷阱之中,最为可怕的一种是你亲自挖掘的。因为贪心,你不顾一切去满足你的欲望。这时,即使危险摆在你面前,你也无法去理会、去避让,贪心遮住了你的眼睛,使你无法看到危险所在。

贪得无厌常常使人失去清醒的头脑,为了一点小利而失去很多宝贵的东西,甚至生命。

从前有座山,山里有一个神奇的山洞,里面的宝藏足以使人终生享用不尽。但是这个山洞一百年才开一次。

有一个浪人无意中经过那座山,正巧碰到百年难得一次的洞门大开,他兴奋地进入洞内,发现里面有大堆的金银珠宝,他快速地将这些财宝装入所有的袋子中，由于洞门随时会关上，他必须动作很快。

　　当他得意扬扬地装满了数大袋珠宝后，神色愉快地走出洞口，出来后发现帽子忘在了里面，他又冲入洞中，可惜时刻到了，他被永久地关在了山洞里。

　　当地的村人等了很久，不再见他的踪影，便将所有的珠宝都变卖了，大家分享了这人留下的财富。

　　贪欲，也使很多人缺少了一种开朗热情、放松生活的良好性格。

　　清朝开国初期的皇叔父摄政王多尔衮，为人极为贪婪，他的一生争权夺势，追名逐利，而不能自拔。

　　多尔衮对于皇权之争煞费苦心，六亲不认。他的哥哥皇太极去世后，虽然已拥立其子福临为帝，即顺治，但多尔衮欲篡夺皇位的野心丝毫没有消除。

　　孝庄文太后为了稳住与抚慰多尔衮贪婪的心，让其儿子顺治帝封多尔衮为皇叔摄政王。可是，多尔衮对孝庄文太后母子这一恩赐并不买账。他一面在暗地里制作龙冠、龙袍，以备伺机谋权夺位；另一面支使苏克萨哈、穆济伦等近侍策划"加封皇叔父摄政王为皇父摄政王，凡进呈本章旨意，俱书皇父摄政王"。在清朝众多的摄政、辅政王中，仅此一人称"皇父摄政王"的尊号与殊荣。对此，不只是当朝文武诸臣大惑不解，就连友邦也深感费解，引起一些议论与猜测，乃至朝鲜国王说："实际上就是两个皇帝了。"

　　随着权力的剧增，多尔衮贪婪的胃口也日益增大。他极尽追名逐利之能事，把福临之所以能登上大宝的功劳据为己有，把各王公在入主中原前后的战功也尽归于己。

　　由于多尔衮利欲熏心、贪得无厌，依仗他的权势恣意横行，天人共怒。正所谓利深祸速，他去世不足半月，顺治帝就向皇父多尔衮大肆施以夺权之举：先命手下大学士等朝臣闯进摄政王府悉缴信符之类入内库；继而又派吏部侍郎索洪等人把赏功册夺回大内；接着把多尔衮十数款罪状公布于世之后，就"将伊母子并妻所得封典，悉行追夺。诏令削爵，财产入官，平毁墓葬"。

贪婪的人,被欲望牵引,欲望无边,贪婪无边。贪婪的人,是欲望的奴隶,他们在欲望的驱使下忙忙碌碌,不知所终。贪婪的人,常怀有私心,一心算计,斤斤计较,却最终一无所获。

　　现实社会中,很多人觉得自己的人生过得很是压抑,做什么事情很少出于自愿,更多的是身不由己。生活中充斥了太多的无奈。这是为什么呢?原因之一就是自己奢求太多,为了过多的物质名利上的追求,而将自己的身心自由搭了进去。**有人就这样说过:"名是枷,利是锁。"如果整天带着枷锁过日子,身心还能自在得起来吗?**

　　所以,在抱怨自己身心得不到放松自由的时候,有没有反思一下是不是奢求太多了,牺牲了自由而换取这些是否值得。关于这一问题,晋代的陶渊明就曾想过。

　　陶渊明从小就喜欢读书,不想求官,虽然家里十分贫困,常常揭不开锅,但他还是照样读书作诗,自得其乐。后来陶渊明家境更为贫寒,靠自己耕种田地根本就无法养活一家老小。亲戚朋友于是劝他出去谋一官半职,他无可奈何只好答应了。当地官府听说陶渊明是名将陶侃的后代,又有文才,就推荐他在大将刘裕手下做个参军。但是没过多少时日,陶渊明就看出当时的官员、将领互相倾轧,心里十分烦恼,提出到地方上去做官,上司就把他派到彭泽当县令。

　　当时做个县令,官俸并不高,加上陶渊明既不会搜刮百姓,又不会贪污受贿,因此日子过得还是不富裕,但比起他在乡里的穷日子,当然要好得多。他觉得留在一个小县里,没有什么官场应酬,也还比较自在。

　　有一天,郡里派了一名督邮到彭泽检查工作。县里的小吏听到这个消息,连忙跑来向陶渊明报告。当时陶渊明正在他的内室里捻着胡子吟诗,一听督邮来了,万分扫兴,但是又没办法,只好勉强放下诗卷,准备跟小吏一起去见督邮。小吏一看他身上穿的还是便服,吃了一惊说:"督邮来了,您该换上官服,束上带子去拜见才好,怎么能随随便便穿着便服去呢!"

　　陶渊明本来就看不惯那些依官仗势作威作福的督邮,一听小吏说还要穿起官服行拜见礼,更不愿受这种屈辱。他叹了口气说:"我可不愿为了这五斗米官俸,去向那督邮打躬作揖。"说着,他也懒得见督邮,索性把身上的印绶解下来交给小吏,辞职不干了。陶渊明回到老家以后,觉得整个社会混乱的局势跟自己的志趣、理想相差太远了。从那以后，他就隐居起来，过着逍遥自在的日子，闲着就写诗歌、文章，来寄托自己的心情。

陶渊明放下了名利的枷锁，减少了自己的欲求，终于过起了身心自在的生活。在中国历史上，其实有很多不汲汲于名利、不戚戚于富贵的人，他们没有过多的奢求，终生过着悠闲自在的生活。汉光武帝的好友严子陵就是这样的一个人。

刘秀称帝后，严子陵知道定会封他做官，可他生来厌恶官场，不愿意享受朝廷俸禄。于是，他隐姓埋名，在齐县境内富春山中过起了隐士的生活，一天到晚，垂钓于溪水之中，怡然自得。刘秀取得天下后，便派人到处寻找他，希望能得到他的辅助。刘秀派人画了他的画像，派各级官吏四处寻访。

有一天，一个农夫上山砍柴，发现了正在富春江边垂钓的严子陵，觉得他就是画像上的人，便上报官府。刘秀立即命官吏备好车马，装上优厚俸禄，想把严子陵请出富春山，然而官车去了又回，均无多大收获。

这天，官吏又一次来到富春山，严子陵说："你们认错人了，我只是普通打鱼人。"使者不管他怎么解释，硬是把他推进了官车，快马加鞭，送他到了京城。严子陵住进了刘秀特意为他安排的房子，每日饭菜相当可口，数十名仆人为他效劳，然而对于这些他不屑一顾。

侯霸与严子陵也是旧时好友。此时的侯霸已今非昔比，他接替伏湛做了汉朝的大司徒。侯霸听说严子陵已到皇宫，就让臣下侯子道给严子陵送去一封书信，表示对严子陵的问候。

一见严子陵，侯子道恭恭敬敬地把信递了过去。并说："大司徒晚上会抽空登门拜访，请严先生写个回信儿，也好让我有个交代。"严子陵想了片刻，命仆人拿出笔墨，他说，让侯子道写。信中写道："君房先生，你做了汉朝大司徒，这很好。如果你帮助君王为人民做了好事，大家都高兴；如果你只知道奉承君王，而不顾人民死活，那可千万要不得。"他说到这儿停了下来。侯子道请他再说些什么，严子陵没有吭气儿。侯子道讨了个没趣回到了侯霸那里。

侯霸听完侯子道的话，面有怒色，觉得严子陵不把他这个大司徒放在眼里，就把严子陵的一番话，报告了刘秀，谁知刘秀却说："我了解他，就这倔脾气。"

当天，刘秀去看望严子陵。皇帝亲自登门，这可是件大事儿，得远迎才对。可严子陵根本不理，躺在床上养神。刘秀进来后，看到他这副情景，并不恼火，走过去用手轻轻地拍了拍严子陵的肚子，亲切地说："老同学，你难道不念旧情，帮我一把吗？"严子陵说："人各有志，你为什么一定要逼我做官呢？"刘秀听后长长地叹了口气，失望地走了。

刘秀封严子陵为谏议大夫，他不肯上任，仍旧回到富春山中过他的隐士生活，种种地，钓钓鱼。

建武十七年，刘秀又召严子陵入宫，严子陵又拒绝了。

严子陵无意仕途，寄情于山水间，这也是一种人生的乐趣。严子陵对名利场上的险恶有着清醒的认识，他觉得与其为名利争来斗去，倒不如做山野村夫反而悠然自得，这才是真正悟透生活的人。

人的身心需要一个平衡。**如果对生活奢求过多，必给自己的身心施加压力，也就会打破这一平衡，当然就会变得不堪重负、疲惫不堪，何谈自在呢？**所以，放下一些欲望，让自己的心灵轻松一下吧。

心灵悄悄话

一生之中，你多少会遇到一些陷阱，而这些陷阱之中，最为可怕的一种是你亲自挖掘的。因为贪心，你不顾一切去满足你的欲望。这时，即使危险摆在你面前，你也无法去理会、去避让，贪心遮住了你的眼睛，使你无法看到危险所在。贪得无厌常常使人失去清醒的头脑，为了一点小利而失去很多宝贵的东西，甚至生命。

大气——笑而不答心自闲

第五篇 大气人生之舍得

　　塞翁失马，焉知非福？人们常用这句话来安慰别人或者自己。面对人生的得失，我们都应拿得起，放得下。要知道，该舍则舍，人生有舍才有得，小舍小得，大舍大得，不舍不得。很多时候，鱼和熊掌不能兼得，我们要想得到一样东西，就必须有所舍弃，否则将什么也得不到。这是人生一种大气的境界，更是一种生存的智慧。

　　拿得起，放得下，反映的是一个人生命的品质和品位，这是不争的事实。这需要一种不断积蓄的能量。一个大气的人，拿得起有分量的东西，同样也放得下它。放得下，看似消极，实质却是一种积极的心态。

有舍才有得

人生有舍才会有得。"舍"与"得"互为因果,不仅相关而且互动。佛教中讲究唯有懂得舍得的人才会修成正果,进入极乐世界。**"舍迷入悟,舍小获大,舍妄归真,舍虚由实"**。现实中如果一个人能够真正将自己的个人恩怨、痛苦烦恼抛之脑后,统统舍去,那么他收获的将是快乐无比的人生。

春秋战国时代,燕国国君燕昭王费尽心思,想招揽人才以增强国力。然而他的想法却被认为是叶公好龙,根本不是求贤若渴。为此,燕昭王整天因寻觅不到治国安邦的英才而闷闷不乐。后来他听智者郭隗讲了这样一个故事:

从前有一个国君,他自愿出千两黄金寻求千里马,可是三年过去,他仍然毫无收获。为此他一筹莫展。

时间又过了三个月,他好不容易发现了一匹千里马,于是他派手下不惜任何代价去购买这匹千里马。结果他的手下花了五百两黄金,买回的却是一匹死马。

当国君知道后,大发雷霆:"我要的是活马,你怎么花这么多钱弄一匹死马来呢?"

国君的手下说:"你舍得花五百两黄金买死马,更何况活马呢? 我们这一举动必然会引来天下人为你提供活马。"果然不出所料,没过几天便有人送来了三匹千里马。

郭隗向燕昭王讲了这个故事后,说道:"国君,您要想招揽人才,首先从招纳我郭隗开始吧! 像我郭隗这种才疏学浅的人都能被国君采用,那些比我本事更强的人,必然会闻风千里迢迢赶来。"

于是,燕昭王接受郭隗的建议,拜他为师,为他建造宫殿。时隔不久,各国有才干的人听到燕昭王这样真心实意招请人才,纷纷赶到燕国来求见;燕

113

国出现了"士争凑燕"的热闹局面。其中最出名的是赵国人乐毅。燕昭王拜乐毅为亚卿,请他整顿国政,训练兵马,燕国果然一天天强大起来。除此之外投奔而来的还有齐国的阴阳家邹衍、赵国的游说家剧辛等。

从此,曾经落后的燕国一下子便人才济济,不再是以前内乱外祸、满目疮痍的局面,燕国逐渐成为一个富裕兴旺的强国。

世间万物,芸芸众生。唯有所舍,才会有得。那些不懂舍得、不会舍得的人往往得不偿失,抱憾终生。

2007 年,台湾著名导演杨德昌因病不治身亡。之后,他的两任妻子各自写了一封信。

蔡琴信的标题是《就让他活在我的歌里吧》,信中说:

杨德昌就这么走了……这个时候,说什么也说不清楚我的五味杂陈!回想当初,当我确知彭铠立和他的恋情,到决定当机立断成全他们,再到办完离婚手续,甚至今天他去世……我深深地感谢上帝,让我与他轰轰烈烈地爱过……细数一生,他一共完成了 8 部电影,在我们生命联集的 10 年里,我竟见证了一半……作为一个女人,他给我的寂寞多过甜蜜。作为一个观众,我痛失一个锐利的记录者。时间会给他所有作品一个公道! 至于我们所有过往的点滴,我自己品尝,就当作我活着时永远的秘密,随着他的逝去与世长辞。

彭铠立的手书标题是《杨德昌的最后七年》,写的是:

杨德昌导演已于 6 月 29 日下午 1 时半于洛杉矶比华利山的家中辞世。2000 年 5 月最后一部作品《一一》于戛纳获大奖之后,杨导演即被诊断出零期之大肠癌。7 月旋即决定开刀,9 月儿子出世。短暂休养之后,在 2001 年戛纳当评审之际决定下一部电影为剧情动画片之目标……6 月 25 日开始略显昏迷,仍紧握铅笔画簿,呈现的画已出现超现实的影像,如众人抢搭火车之景……6 月 29 日下午 1 时半于比华利山家中,于妻子相伴之下,安宁辞世。

蔡琴文如其人，人如其歌，一封告别信写得意犹未尽、感情充沛。而彭铠立则是近乎平淡地描写了和杨德昌导演共度的岁月以及他最后的时光，克制而理性。

无疑，两位女性都是杰出的，一个是歌坛常青树，一个则是名导倾心恋着的贤妻良母。

蔡琴和杨德昌的10年婚姻结束之时，他们10年柏拉图式婚姻曾让无数人惊讶不已，个中原因和感受只有当事人才能确切地知道。但是从蔡琴的只言片语中，我们不难看到，那段婚姻留给蔡琴最深刻的记忆依然是寂寞多于甜蜜，最后是因为她的"舍"才成全了杨德昌和彭铠立的"得"，而她的"舍"中又带着那么多的不舍和不甘。彭铠立则并没有因为"得"而多么喜形于色，她不张扬，从容而自然。大概是因为最后的岁月是她和杨德昌共同度过的，所以她不遗憾。

从这两封信中可以看出，蔡琴的"舍"并没有真舍，而彭铠立则是真的以"得"的姿态去面对了。

面对纷繁复杂的世界和物欲横流的社会，懂得放弃的人，会用乐观、豁达的心态去对待没有得到的东西，他们每天都会有快乐和愉悦的心情；而不懂得放弃的人，只会焦头烂额地乱冲乱撞，他们不但最终达不到目的，而且每天都会陷于患得患失的苦恼之中。

也许放弃时是痛苦的，甚至是无奈的选择，但是若干年后回首那段往事，我们会为当时正确的选择感到自豪，感到无愧于社会、无愧于人生。

新《卧虎藏龙》里有一句经典的台词："当你紧握双手，里面什么也没有；当你打开双手，世界就在你手中。"我们应该懂得舍弃，生活中鱼和熊掌兼得的时候很少，每一次放弃都是为了下一次得到更多的回报。

舍弃是一种智慧，是一种豪气，是更深层面的进取。有时候我们之所以举步维艰，是因为负担太重；之所以负担太重，是因为我们还不懂得舍弃。功名利禄常常微笑着置人于死地。诗人泰戈尔说："当鸟翼系上黄金时就飞不远了。"我们学会舍弃，才能卸下人生的种种包袱，才能轻装上阵迎接生活的转机，度过人生的风风雨雨；我们懂得放弃，心里才会更加充实、坦然和轻松。

当你拥有六个苹果的时候，千万不要把它们都吃掉。这样一来，你只是吃到了六个苹果、一种味道。如果你把六个苹果中的五个送给别人吃，虽然你失去了五个苹果，但实际上你却得到了五份友情、五份好感，以后你还会得到更多。当别人有了别的水果的时候，也一定会和你分享。你会从这个人手里得到一个橘子，从那个人手里得到一个梨。你就可能吃到五种不同的水果，尝到五种不同的味道，看到五种不同的颜色，感受到五个人的友谊。

在得与失之间，我们无须徘徊，更不必苦苦地挣扎。我们应该用一颗平常心来看待生活中的得与失。现实中一个人如果真正将自己的个人恩怨、痛苦烦恼抛之脑后，然后主动舍弃那些可有可无的东西，那么他也将求得生命中最有价值、最纯粹的东西。

心灵悄悄话

面对纷繁复杂的世界和物欲横流的社会，懂得放弃的人，会用乐观、豁达的心态去对待没有得到的东西，他们每天都会有快乐和愉悦的心情；而不懂得放弃的人，只会焦头烂额地乱冲乱撞，他们不但最终达不到目的，而且每天都会陷于患得患失的苦恼之中。

大气——笑而不答心自闲

拿得起，放得下

每个人都要经历这样的一个过程：得到与失去。成功与失败总是交错地出现在我们人生的每一个阶段。得到的时候，不矫饰；失去的时候，不言败。不仅要经得起成功的洗礼，更要受得住失败的考验。在得失成败之间，要有拿得起，放得下的气度。

法国哲学家、思想家蒙田说："今天的放弃，正是为了明天的得到。"**放下虚荣，赢得从容的人生；放下忌妒，赢得幸福的人生；放下恐惧，赢得勇猛的人生；放下冷淡，赢得热情的人生；放下拖延，赢得勤快的人生；放下猜疑，赢得博大的人生；放下犹豫，赢得果断的人生；放下浮躁，赢得淡泊的人生。**

执着是强者的姿态，放弃是智者的潇洒；拿得起是不懈的拼搏，放得下是无限的洒脱。

漫漫人生路，不同的阶段有不同的责任。当轮到我们抉择的时候，要敢于排除万难，敢于放弃，只有这样才能找到人生的出路。

人的一生犹如乘坐在火车上的长途旅行，只要是到了站点就必须下车，一旦错过将永远失去机会，将会一辈子痛苦和遗憾。所以当面临人生的选择之时，该放弃的就要果断放弃，不能因一时的留恋不舍而与千载难逢的机会失之交臂。学会了放弃，就会保持一份安然祥和的心态，生活便不再浮躁，将会变得充实；学会了放弃，才能分辨清楚自己下一步该如何走，为自己的人生规划制定切实可行的蓝图。

现实中很多人每天忙得不亦乐乎，一天下来却仍是一事无成。这是因为他不分青红皂白，所有的事一起做，不会放弃次要的，紧抓重要的，结果只能是分散了精力，徒劳无功。

管理学中有一个"二八法则"，它指的是在任何一组东西中，最重要的通常只占其中的20%，而其余80%尽管占了大多数，却是次要的。

美国企业家威廉·穆尔创业之初仅仅是一个格利登公司的油漆销售员。后来他根据销售业绩画了一份销售图表，经过仔细分析，他发现自己80％的受益主要来自20％的客户，但是他却对所有的客户花费了同样的时间。穆尔及时调整了自己的工作重心，开始将80％的精力放在那最重要的20％客户身上，这使他最终成为凯利·穆尔油漆公司的主席。

成功不仅钟情于坚持真理的执着者，更偏爱于勇于放弃的理智者。大海有高潮也有低潮，人生有高峰也有低谷。一个人不可能是永远的浪尖，不可能永远是顶峰。当命运需要舍弃名利全身而退时，只要曾经拥有就已足矣，完全没必要继续争取，只有傻子仍然在苦苦地挽留夕阳，蠢人依旧在久久地感伤春光。人生必须有所放弃，不然会带来无尽的烦恼。**如果执着是强者的姿态，那么放弃就是智者的潇洒。**

拿得起是强者的风范，是智者的执着。它需要理智的思维、超人的自信、积极的心态、睿智的头脑、顽强的意志、强有力的行动等。具备以上品质，拥有以上条件，一个人才有可能在残酷的竞争中排除万难，激流勇进，勇往直前，通向成功。

拿得起纵然可取，放得下也尤为重要。它是迈向成功的催化剂，促使每个人早日走向人生的正轨，畅然前行；它是到达顶峰的指南针，指引每个人尽快攀登人生的高峰，一览美景。

现实中，很多人一辈子都被人生的得失所困扰，其实人生究竟是复杂还是简单，完全取决于人的心态。斤斤计较者会认为人活一辈子实在很复杂，而乐观豁达者则认为人生在世其实很简单。一个人与其繁重劳累地奔波，不如轻松自在地生活。拿得起，放得下，才是人生的真谛所在。

心灵悄悄话

人的一生犹如乘坐在火车上的长途旅行，只要是到了站点就必须下车，一旦错过将永远失去机会，将会一辈子痛苦和遗憾。所以当面临人生的选择之时，该放弃的就要果断放弃，不能因一时的留恋不舍而与千载难逢的机会失之交臂。

每天都是一个新的开始

在人从睡眠中清醒过来到重获意识的时刻之间有一个比较特殊的敏感时期。在这段时期中，人与物质世界间的所有关系都会在意识中消失，思维会处在一片空白的自然状态，但大脑的反应能力和组织能力异常敏锐，原本存在于意识中的模糊印象此时正似离非离，这就是为什么人在清晨醒来的时候脑袋中会有许多清晰且真实的印象，在开始每日的正常活动之前，这些印象差不多可以存留数个小时。因此，许多人在上午的几个小时中工作效率最高。

一日之计之所以在于晨，是因为清晨的大脑犹如白纸一张，可以用来制订每日的工作流程。这时，我们可以好好利用在睡梦中获得的意识，回想一下梦中所思之事，想清楚眼下自己最渴望做的是哪件事，从而合理地安排好整日的工作和活动。

每天清晨醒来迎接我们的崭新的一天，对我们来说都是一次新生的机会。我们要牢牢把握机遇，把今天掌握在自己手中。要知道，昨日的所为虽然会对今日有所影响，但毕竟已经过去了；而明天始终是明天；只有今天的所为会对一片空白的明天产生影响。不论以前如何，从今天起，从现在起，做我们应该做的事。

每一天都是一个新的开始，每天清晨我们都会迎来一个新的世界。昨日的错误已随昨日而去，经过一夜的治疗，那些流血刺痛的伤口已渐渐愈合。既然往事不可追，那就让我们大步向前走。属于我们的只有那全新的日子，它就掌握在我们手中。看天空，天高云淡；看大地，万物复苏。疲劳的肢体已恢复活力，面向朝阳迎接着晨曦，在黎明朝露的伴随下，我们又迎来了一个崭新的开始。听，那是灵魂在快乐地歌唱，要我们扔掉所有的不快和过去的罪孽，不去想令人迷惘的困惑和恼人的伤痛，用心去感受新的一天、新的开始。

清晨能带给我们的东西是别的时刻无法替代的，人在清晨所产生的构思也是最有价值、最宝贵的。清晨带来的新生感，让我们觉得天下无不可成之事。

很多国家过新年都有大扫除或收拾房子的习俗。我们在一箱又一箱地打包时，一定会惊讶自己在过去短短一年内竟然累积了这么多的东西，然后懊悔自己为何事前不花些时间整理，淘汰一些不再需要的东西，这样，今天自己就不会累得连脊背都直不起来了。

人生又何尝不是如此？人生路上，每个人都在不断地累积东西，包括名誉、地位、财宝、亲情、人际关系、健康等，当然也包括烦恼、苦闷、挫折、沮丧、压力等。

有些因素会阻碍我们放手进行扫除，譬如太忙、太累，或者担心扫完之后，必须面对一个未知的开始，或者我们自己也不能确定哪些是我们想要的。

生活在世间，头脑中一定会有各种固有的观念和各种各样的污染。正是这些污染使我们的生命不再年轻，也让我们丧失了许多创造力和生机。

有这样一个现象：如果一个杯子中有些脏水，那么不管加多少纯净水，杯子里的水仍然浑浊；但若是一个空杯，不论倒入多少清水，它始终清澈如一。

在我们的生命中，有些东西早该丢弃而未丢弃，有的则是早该储存却未储存。我们要把"脏水"倾倒干净。

心灵悄悄话

无论何人，只要有心，一个小时他便足以令自己脱胎换骨。若不能立长志，至少应常立志，哪怕每次立志仅以小时计，一小时一小时地计算下去，每多坚持一个小时，成功的胜算便大一分。坚持的日子久了，便可以由常立志改为立长志了。

大气——笑而不答心自闲

福祸互相转化

塞翁失马,焉知非福。人生的得与失是一门深奥的学问。害怕失去的人可能永远也得不到,只有舍得放下的人才能得到别人无法得到的东西。只有乐看人生起伏、笑对人生得失的人,才会早日从阴霾中走出,向胜利迈进。

文学巨匠歌德才华出众,他一生经历了十几次恋爱,每次他都全心地投入,把自己的全部热情奉献给对方,但每次都未取回感情"投资"的回报。每次当他意识到爱情已面临破灭的边缘,有可能给对方带来不幸时,他就立即从对方身边离开,不给对方带来痛苦。

23岁那年,他深深地爱上了一个叫夏洛蒂的少女,但他不知道她已经有了未婚夫。歌德又一次遭受沉重的打击,只好默默地离去。这已经是他第5次失恋了,为此他痛苦至极,把一把匕首放在枕头底下,几次想到自杀,但终究还是下不了手。后来,他把全部精力投身到文学创作中去,及时以工作热情补偿感情上的失落,以事业的成功补偿失恋的痛苦,及时地挽救了自己。

福和祸不是一成不变的,而是相互转化的。福兮祸之所倚,祸兮福之所伏。任何事情都有它的积极一面和消极一面。面对困境,如果一个人能够从容冷静,顽强拼搏,那么这就会成为他人生奋起的资本。相反,如果他因此而一蹶不振,黯然神伤,甚至失去生活的勇气,那么这只能是一场灾难。

作家史铁生身患残疾,整日只能坐在轮椅上,不能过和正常人一样的生活。可以说这是他人生的不幸,然而他却用自己的生命去思考人生,用残缺的身体向世人表达健全的思想。他所经历的是常人难以想象的苦难与挫折,但是他字里行间所流露出的是让人感动的幸福与快乐。

史铁生的《我与地坛》是脍炙人口的名篇,多少年来感动了无数的读者。

大家都被他在忍受病痛时不屈不挠的顽强精神所折服，被他那颗深邃而又坚强的灵魂所震撼。史铁生失去的是常人的健康，但他收获的却是用生命换来的人生感悟。他自强不息的精神早已成为一种无形的力量，激励着一代又一代的后辈向厄运挑战。

人的一生会有鲜花和掌声的成功时刻。面对它们，如果一个人沉溺其中，难以自拔，丧失昔日的斗志，没有了积极向上的精神，那么他的暂时成功意味着他的人生从此将走向衰落。其实成功后的喜悦只是瞬间，过后人们依旧要继续奋斗，再接再厉。

当面临人生的苦难时，有的人自怨自艾，萎靡不振，而有的人则不屈不挠，在与痛苦相搏的过程中，感悟生命，获取人生的真谛。一个人在失去的同时，也获得了别人没能拥有的东西。有时一个人最绝望的时刻或许正是他迎接人生曙光的转折点。

大地滋养世间万物，万物牢记大地的恩情，化作泥土后念念不忘，将自己的身躯馈赠给恩人。万物尚且如此，人世又何尝不是？一个人在失去中得到，在得到中失去，构成了完整的人生。

世界著名男高音歌唱家帕瓦罗蒂有一个有趣的故事，它发生在帕瓦罗蒂30岁那年，当时他还是一个名不见经传的无名小卒。当时他应邀到法国的里昂参加一个演唱会。为了很好地准备这个演唱会，他提前一天赶到里昂，准备好好休息一晚上。于是他住在了歌剧院附近的一个小旅馆里。

一路上，帕瓦罗蒂十分劳累，很快便进入梦乡。当他睡到半夜的时候，突然被隔壁房间婴儿的啼哭声吵醒了。他原以为孩子哭几声也就停止了，可万万没有想到，孩子竟一直大哭不止。

帕瓦罗蒂没有办法，只好用被子蒙住头，可那啼哭声仿佛是具有魔法的歌声，颇具穿透力，仍不停地在他耳畔萦绕，这让帕瓦罗蒂十分苦恼。这样折腾了将近半个多小时后，他只好披着被子在地上散步，心中一次次祈祷着孩子的哭声早点停止。可那孩子好像根本没有要停止的意思，而且哭声一声比一声洪亮，无奈之下，他只好把孩子的哭声当歌声来听，渐渐地他开始佩服起这个孩子来：我唱歌一个小时嗓子都要沙哑了，可这孩子的声音为什么依然洪亮？难道还有什么了不起的地方吗？

如此一想，帕瓦罗蒂立刻变得兴奋起来，匆忙回到床上，将耳朵贴在墙

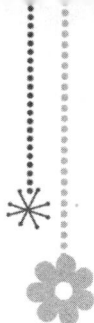

上，细心倾听起来，他竟然发现小孩的哭声很有学问。孩子到声音快破的临界点时，会把声音收回来，这样声音就不会破裂，这是因为孩子用丹田发音而不是用喉咙。又听了一会儿，帕瓦罗蒂也学着用丹田发音，试着唱到最高点，永远保持第一声那样洪亮。

帕瓦罗蒂练了一个晚上，在第二天的演唱会上，他以饱满的歌声征服了观众。从此以后，他便闻名全球，成为世界著名的歌唱家。

人生就是这样，在失去中拥有，在得到中失去。一个人只要善于利用每个机会，就会将不利转化为有利，在失去中寻求机遇，把握良机。大千世界，当你真心为一个人去吃亏的时候，你收获的，远比失去的多得多。

心灵悄悄话

福兮祸之所倚，祸兮福之所伏。任何事情都有它的积极一面和消极一面。面对困境，如果一个人能够从容冷静，顽强拼搏，那么这就会成为他人生奋起的资本。相反，如果他因此而一蹶不振，黯然神伤，甚至失去生活的勇气，那么这只能是一场灾难。

种善因，结善果

舍得，以"舍"为"得"！这其中的因、缘、果之关系，如果我们不能了然，就不容易明白"以舍为得"的妙用。在田地里，没有播种（舍），哪里有收成（得）？对于亲戚朋友，你不先跟他们往来，平时没有送礼致意，怎么能获得他们的回礼相赠呢？

舍，看起来是给人，实际上是给自己。给人一句好话，你才能得到别人回你一句赞美；给人一个笑容，别人才能对你回眸一笑。舍和得的关系，就如因和果，因果是相关的，舍与得也是互动的。能够舍的人，一定拥有着宽阔的心胸；如果他的内心没有感恩、结缘的性格，他怎么肯舍给人，怎么能让人有所得呢？他的内心充满欢喜，他才能把欢喜给你；他的内心蕴藏着无限的慈悲，他才能把慈悲给你。自己有财，才能舍财；自己有道，才能舍道。有的人心中只有贪婪，他给人的当然也是贪婪。所以我们劝人不要把烦恼、愁闷传染给别人，因为舍什么就会得什么，这是必然的因果。

人生得失本来就是一种付出与收获的过程。它们之间是成正比例关系的，其中付出是收获的前提，只有付出得多，才会收获得多。

一位老禅师在自己的院子里种了一种菊花。这种菊花有个特点，三年后才会开花。等到三年后的秋天，老禅师的院子里菊花满地，香气扑鼻。这香味吸引了周围山下的村民们纷纷来参观，大家对这菊花赞不绝口："这真是难得一见的漂亮的花呀！"

有一天，一位村民向老禅师提出请求，他想要在自家院子里种上这种菊花。老禅师很爽快地答应了村民的请求。他自己亲自挑选开得最艳、枝叶最粗的几棵，还告诉村民平日里养花的技巧。村民十分感谢，拿着菊花的根下山了。

一传十，十传百。村里的人一听说老禅师愿意将菊花送给人，于是大家络绎不绝,纷纷前来庙里索要菊花。老禅师是来者必应,过不了几天院里的菊花被挖得一空。他的院子里没有了往日的菊香四溢,没有了来往的人群,显得十分冷清。

禅师的弟子看后,不禁向他抱怨道:"真可惜! 满院子的菊花就这样被弄没了。"

老禅师笑了笑,说道:"你想一想,三年后,满村的菊花岂不比满院的菊花更加漂亮吗?"

弟子听后,仔细一想,恍然大悟。

老禅师接着对弟子说:"我们应该和别人分享自己美好的事物。有时即使自己没有了,别人因此得到了快乐,我们心里也是美滋滋的。真正的幸福是大家的幸福、社会的和谐。"

牺牲了一院的美丽,换来了一村的菊香。让自己的付出换来别人的快乐,这正是人生舍得最高的境界。

庄子说过:"懂得人生舍与得的人一定会通情达理,懂得通情达理的人一定会随机应变,一个随机应变的人一定不会受到外物的伤害。一个人只要道德高尚,火不能烧他,水不能淹他,寒暑不能损伤他,禽兽不能伤害他。"尽管窗外的世界尔虞我诈、钩心斗角,但在智者的眼中,一切都显得那么平淡无奇。

浮尘人生事,得失寸心知。世界上没有绝对的事情,得与失是互相联系的,一个人在获得的过程中必然会失去某些东西。比如,一个人拥有金钱的同时,他往往会失去快乐。与之相反,河水泛滥后带来的是肥沃的土壤,一个人在丧失中会收获用金钱难以买来的感受。

渔人在捕鱼,一只鸢鸟飞下,叼走了一条鱼。有无数只乌鸦看见了鱼,便聒噪着追逐鸢鸟。鸢鸟不论飞东飞西,满天的乌鸦都紧追不舍,鸢鸟无处可逃,疲累地飞行,心神涣散时鱼就从嘴里掉了下来。那群乌鸦朝着鱼落下的地方继续追逐。鸢鸟如释重负,栖息在树枝上,心想:我背负这条鱼,让我恐惧烦恼;现在没有了这条鱼,反而内心平静,没有了忧愁。

如果情爱是束缚,你能舍去情爱,不就得到自在了吗? 如果虚骄是烦恼,你能舍去虚骄,不就能得到安闲了吗? 如果妄想是虚妄,你能舍去妄想,不就能得到真实了吗?

如果挂碍是痛苦,你能舍去挂碍,不就能得到轻松了吗? 所以能舍什么,就能得什么,这是必然的道理。

有一个民间故事:父亲乐善好施,经常帮人,他反而家财万贯。而他的儿子却性情贪吝。等到父亲去世,儿子掌权,千方百计搜刮别人的财富,最后天灾人祸,家遭不幸,落得一无所有。父子二人,一给一受,其结果得失有天壤之别,所以"以舍为得",诚信然也!

舍,要能以慈、以利,亦即要能给人善法,要能给人利益。

舍,在佛教里就是布施的意思。布施,就如尼拘陀树,种一收十,种十收百,种百可以结果千千万万。《四十二章经》说:"仰天吐唾,唾不至天,还堕己面;逆风扬尘,尘不至彼,还坌己身。"**施舍亦如送礼给人,如果我们所送的礼物不恰当,对方不肯接受,那就只有自己收回,所以我们"己所不欲,勿施于人"**。

走路时,不舍去后面的一步,便无法跨出向前的一步;作文时,不舍去冗长的赘语,便无法写出精简的短文;庭院里的花草树木,如果舍不得剪去枯枝败叶,它就无法长出嫩叶的新芽;城市中,如果舍不得破坏简陋的违章建筑,便无法建设市容整齐的现代大都会。

古圣先贤"先天下之忧而忧,后天下之乐而乐",如果不能舍己为人,又怎么能名垂千古、流芳青史呢? 僧侣"出家无家处处家",如果不能割爱舍亲,怎么能出家学道? 怎么能云游四海、弘法利生呢?

学佛,就是要"舍迷入悟、舍小获大、舍妄归真、舍虚由实"。佛陀"难行能行,难忍能忍",因为他能够割肉喂鹰,舍身饲虎,所以才能成就佛道。雪山童子偈语"诸行无常,是生灭法;生灭灭已,寂灭为乐",因为他能舍身为道,终能如愿得道。

一个人如果不能舍去陈旧的陋习,如何能更新、进步呢? 所谓"放下屠刀,立地成佛",放下就是舍,不舍,如何成佛?

以舍为得,妙用无穷。滚滚红尘,漫长人生,难免多灾多难,时常烦恼相随。然而物极必反,否极泰来,天之道也。灾难终究会过去,烦恼也将会远

离,到时候迎来的将是快乐和幸福。我们要能学习舍的性格:金钱物质、知识技能,能将其舍给别人,你必然会得到金钱物质、知识技能。舍给别人好的,会得到好的;舍去性格上坏的,也会得到好的。当我们把烦恼、悲伤、无明、妄想都舍了,自然就会得到人生的一番新境界。

心灵悄悄话

　　浮尘人生事,得失寸心知。世界上没有绝对的事情,得与失是互相联系的,一个人在获得的过程中必然会失去某些东西。比如,一个人拥有金钱的同时,他注注会失去快乐。与之相反,河水泛滥后带来的是肥沃的土壤,一个人在丧失中会收获用金钱难以买来的感受。

舍弃自卑心理

在心理学中，自卑属于性格上的一个缺点。自卑，即一个人对自己的能力、品质等作出偏低的评价，总觉得自己不如人，悲观失望，丧失信心。在社交中，具有自卑心理的人常常自我孤立、离群寡欢，抑制自己的自信心和荣誉感。如果受到他人的轻视、嘲笑或侮辱，这种自卑心理就会大大加强，甚至以忌妒、暴怒、自欺欺人等其他不合理的方式表现出来。自卑是一种消极的心理状态，是阻挠成功的巨大心理障碍。**自卑的人往往是失败的俘虏、被轻视的对象，严重的自卑心理能导致一个人颓废失落、心灵扭曲。**

奥地利著名的心理学家 A. 阿德勒认为：人的许多行为都是出自"自卑感"以及对于"自卑感"的超越。在对自卑感的超越中，人往往能获得难以预料的力量。从环境角度来看，一个人对自己的评价往往与外部环境对他的态度和评价紧密相关。一旦发现自卑情绪，必须尽早地克服和纠正，把它转化为一种积极健康的心理状态，帮助自己在工作和生活中发挥潜能。

每个人的内心深处都有一种灵性。它维持我们的个性，即人的尊严与人格，并且成为人们建功立业的力量。**自卑并非一无是处，有时候我们正因为心中的自卑才强烈地渴望进步、追求完美，也才有不断上进的力量；自卑使我们弥补自己的不足，从而使性格受到磨砺。**人们为了维护尊严和人格，就必须克服自卑、战胜自我。当我们发现自己所处的地位不尽如人意的时候，如果我们一直保持着勇气，就能通过直接、实际的方法改变身边所处的环境，使我们摆脱不如意的感觉。没有人能长期地忍受自卑感。人们正是通过积极的思维而采取积极的活动，来改变自己的消极状态。

一个人一旦发现自己自卑，并且对自己已产生了不利影响，那就最好冷静下来，好好地分析一下自己的自卑，如果是由于自我认识不足而导致的，或是由于意外挫折而导致的，那么就应该提醒自己，这样的自卑是完全可以消除的。

纵观一些成功人士，他们之所以能够成功，大多是因为他们扔掉了自卑，逐渐建立起了自信。曾任美国国会参议员的爱尔默·托马斯就是一个扔掉自卑而成就一番事业的人。

曾任美国国会参议员的爱尔默·托马斯，15岁时常常被忧虑恐惧和一些自我意识所困扰。比起同年龄的少年，他不但长得太高了，而且瘦得像竹竿。他除了身体比别人高之外，在棒球比赛或赛跑各方面都不如别人。同学们常取笑他，封他一个"马脸"的外号。托马斯的自我意识极重，不喜欢见任何人，又因为住在农庄里，离公路很远，也碰不到几个陌生人，所以平常只能见到他的父母及兄弟姐妹。

托马斯说："如果我任凭烦恼与恐惧占据我的心灵，我恐怕一辈子也无法翻身。一天24小时，我随时为自己的身材自怜，别的什么事也不能想，我的尴尬与惧怕实在难以用文字形容。我的母亲了解我的感受，她曾当过学校教师，因此告诉我：'儿子，你得去接受教育，你的体能状况如此，你只有靠智力谋生。'"

但是，不久以后发生的几件事帮助他克服了自卑感，带给了他勇气、希望与自信，改变了他今后的人生。这些事件的经过如下：

第一件事：入学后八周，托马斯通过了一项考试，得到一份三级证书，可以到乡下公立学校授课。虽然证书的有效期只有半年，但这是他有生以来，除了他母亲以外第一次证明别人对他有信心。

第二件事：一个乡下学校以月薪40美元的工资聘请他去教书，这更证明了别人对他的信心。

第三件事：领到第一张支票后，他就到服装店买了一套合身的服装。

第四件事：这是他生命中的转折点，战胜尴尬与自卑的最大胜利。这发生在一年一度的集会上，他母亲敦促他参加集会上的演讲比赛。当时对他来说，那简直就是天方夜谭。他连单独跟一个人说话的勇气都没有，更何况是面对很多人。但是在他母亲的坚持下，他还是报了名，并且为这次演讲做了精心的准备。为了把演说内容记熟，他对着树木与牛群演练了上百遍。结果大出他本人的预料，他得了第二名，并且赢得了本年度的师范学院奖学金。后来托马斯在回忆自己的人生历程时，不止一次说过："这四件事成为我一生的转折。"

人有一万个理由自卑，也有一万个理由自信！ 这就是丑小鸭变成白天鹅的秘密。许多习惯的思维定式就像是一把把看不见的枷锁，其实这些枷锁都是你不自信的表现。如果你能使劲地将其挣脱，你就会走上一条与众不同的道路，进而去创造辉煌的人生。

当然，战胜自卑、舍弃自卑，不能夸夸其谈、止于幻想，而必须付诸实践，见于行动。建立自信最快、最有效的方法，就是鼓起勇气去做自己害怕的事，挑战自我，挖掘潜能，直到获得成功。具体的方法有以下几种：

第一，正视别人的眼睛。

眼睛是心灵的窗口。一个人的眼神可以折射出性格，透露出信息，传递出微妙的情感。不敢正视别人的眼睛，意味着自卑、胆怯、恐惧；躲避别人的眼神，则折射出阴暗、不坦荡的心态。正视别人的眼睛等于告诉对方："我是诚实的、光明正大的；我非常尊重、喜欢你。"因此，正视别人的眼睛是积极心态的反映，是自信的象征，更是个人魅力的展示。

第二，改变行走的姿势与速度。

许多心理学家认为，人们行走的姿势、步伐与其心理状态有一定关系。懒散的姿势、缓慢的步伐是情绪低落的表现，是对自己、对工作以及对别人不愉快感受的反映。反过来，走路的速度加快，就仿佛告诉整个世界："我要到一个重要的地方，去做很重要的事情。"步伐轻快敏捷、身姿昂首挺胸，会给人带来明朗的心境，会使自卑逃遁、自信陡生。

第三，练习当众发言。

在公众场合，沉默寡言的人大都认为："我的意见可能没有价值，如果说出来，别人可能会觉得很愚蠢，我最好什么也别说。而且，其他人可能都比我懂得多，我并不想让他们知道我是这么无知。"这些人常常会对自己许下渺茫的诺言："等下一次再发言。"可是他们很清楚自己是无法实现这个诺言的。每次的沉默寡言，都是"缺乏自信"这一毒素的又一次发作，都会使他们越来越丧失自信。从积极的角度来看，如果尽量发言，就会增加信心。不论是参加什么性质的会议，每次都要主动地发言。有许多原本木讷或者口吃的人，都是通过练习当众讲话而变得自信起来的。

第四，力度合适地和对方握手。

恰到好处地用力握手，也能向别人透露自身的秘密。比如，许多人为了掩饰自己的缺点,握手的时候故意过分地用力和显出傲慢的态度,其实是虚张声势。挤压式的握手方法,则是为了补偿其信心的缺乏。这种人的一举一动都表现得过分极端,以致无法让人相信他是一个真正有信心的人。安稳而不过分用力地把对方的手适度地握紧,则是表示:"我是生气勃勃、稳扎稳打的。"这才是代表自信的握手方式。

任何一个在事业上有所作为的人,都是有责任心的人。一个人如果能把自卑情绪控制好,他就可以成为一个敢于进取、有创造精神的人,成为一个有积极的人生态度,活得开朗、开心的人,一个勇于承担责任的人。只有把自卑转变成自信,他才会积极地思考,才会突破平庸,才会产生奇迹,才会积极地跨越各种障碍,成为一个不怕困难的人。尽管有时自卑情绪仍未在我们的心里消失,但我们仍可以获得美好的人生。

心灵悄悄话

每个人的内心深处都有一种灵性。它维持我们的个性,即人的尊严与人格,并且成为人们建功立业的力量。自卑并非一无是处,有时候我们正因为心中的自卑才强烈地渴望进步、追求完美,也才有不断上进的力量;自卑使我们弥补自己的不足,从而使性格受到磨砺。

有勇气有度量

在这个世界上,有的人活得轻松,而有的人活得沉重。为什么会有这么大的区别? 面对外在世界的诸多诱惑,前者拿得起,放得下,所以轻松;而后者拿得起,却放不下,所以沉重。

比如名利,这是让很多人都割舍不下的东西。为了追名逐利,人们会想尽一切办法,一旦得到手,就会紧紧握在手中,生怕失去,怎么会主动放下? **但是,名利就像手中的沙子,握得越紧,失去得越快。**不仅如此,放不下的名利还会给自己带来灾祸。

南宋位高权重的韩侂胄,经过一书生的点拨,了解到了自己面临的几大致命危险:册立皇后,没有出力,皇后肯定怨恨;确立皇太子,也没有努力,皇太子仇恨;曾因想把朱熹、彭龟年、赵汝愚等一批被时人称作"贤人君子"的理学家撤职流放,引起士大夫的不满;主张北伐,致使三军将士的白骨遗弃在各个战场上,军中将士记恨;北伐的准备使内地老百姓承受了沉重的军费负担,贫苦人几乎无法生存,普天下的老百姓怪罪。对此,他很是震惊。书生建议他:迅速为皇太子设立东宫建制,劝说皇上及早把大位传给皇太子;追封在流放中死去的贤人君子,抚恤他们的家属,并把活着的人召回朝中,加以重用;安靖边疆,重重犒赏全军将士,厚恤死者,消除与军队间的隔阂;削减政府开支,减轻赋税,赢取民心;最后把权位让给一位当代的大儒,然后告老还乡。

书生的话虽然句句在理,也是解决问题的好对策,但是,韩侂胄是绝不会采用的,尤其是最后一条,他绝不会告老还乡,因为他割舍不下自己用一生心血换来的权位。名利他拿得起,却放不下。后来,韩侂胄发动"开禧北伐",遭到惨败。南宋被迫向北方的金国求和,金国则把追究首谋北伐的"罪责"作为议和的条件之一。开禧三年,在朝野中极为孤立的韩侂胄被南宋政府杀害，他的首级被装在匣子里，送给了金国。

拿得起，放得下，反映的是一个人生命的品质和品位，这是不争的事实。这需要一种不断积蓄的能量。一个大气的人，拿得起有分量的东西，同样也放得下它。**放得下，看似消极，实质却是一种积极的心态。**

勾践灭吴之后，继在徐州（今山东滕县南）号令诸侯，成为霸王，成为春秋末年争雄天下的佼佼者。范蠡因谋划，官封上将军。灭吴之后，越国君臣设宴庆功，群臣皆乐，勾践却面无喜色。范蠡察此微末，立识大端。他想：越王勾践为争国土，不惜群臣之死；而今如愿以偿，便不想归功臣下。常言道："大名之下，难以久安。"现已与越王深谋二十余年，既然功成事遂，不如趁此急流勇退。想到这里，他毅然向勾践告辞，请求隐退。从此过起了属于自己的精彩生活。

范蠡断然舍弃到手的名利，实是一种大气之举，很是让人佩服。试问，从古至今，能做到如此洒脱的有几人呢？

人生是一种相依相得的平衡，唯其拿得起，放得下，才能厚积薄发，举重若轻，处事从容。拿得起与放得下是生命中最重要的修养之一。我们只有果断、清醒地放下应该放下的，才能腾出手来得到自己真正需要的东西。

心灵悄悄话

拿得起，放得下，反映的是一个人生命的品质和品位。一个大气的人，拿得起有分量的东西，同样也放得下它。拿得起与放得下是生命中最重要的修养之一。我们只有果断、清醒地放下应该放下的，才能腾出手来得到自己真正需要的东西。

给予不求回报

如果我们需要快乐，我们就给予他人快乐；如果我们需要幸福，我们就给予他人幸福；如果我们需要爱，我们就给予他人爱；如果我们需要别人的关注和欣赏，我们就学会欣赏和关注别人；如果我们想精神上富有，我们就让别人精神上富有起来；如果我们想物质上富有，我们就帮助别人先富裕起来。

人世间，不管贫富，一直贪图拥有，即使有钱，也是富有的穷人；一个人虽然物质贫乏，但他乐于给人、助人，在精神上就是贫穷的富人。所以，"给"是很美好的事。

中国人一向也有给的习惯，给你一支烟，给你一杯茶，但是这一点点的给是不够的；有人在婚丧喜庆时给人一点礼仪，这也是有限的布施。给，要锦上添花，更要雪中送炭。给，能给得不勉强，给得不后悔，甚至给得皆大欢喜，是无上的修养，也是无上的智慧。

战国时代，齐国孟尝君有三千门客，冯谖只是其中普普通通的一个。有一次，冯谖受孟尝君的委派，前去薛城收债。临行辞别时，冯谖问孟尝君："先生需要买哪些东西？"孟尝君答道："先生看我家里缺什么，就买些什么吧！"于是冯谖驱车来到薛城，他召集所有欠款的人，一一核对了债务账目。当核对完毕后，冯谖并没有要求欠款人还钱。他自己私自作出决定，以孟尝君的名义将欠款全部免去，同时他还当众烧毁了所有债券。百姓见状，感激不已，皆呼万岁。

当冯谖返回齐国见到孟尝君时，孟尝君问："债都收完了吗？"

冯谖答："收完了。"

"那你给我买了些什么回来呢？"孟尝君又问。

冯谖答："您让我看家里缺少什么就买什么，我考虑到您有用不完的珍宝,缺少的只有'义',因此我为您买'义'回来了。"

于是冯谖向孟尝君详细介绍了事情的经过。孟尝君听后心中虽然有点不高兴,但也没有批评冯谖。

一年后,新齐王即位。他听信谗言,要求孟尝君交出相印,并将其赶出国都。孟尝君离开齐国后,来到薛城。当孟尝君的车子行驶在距薛城上百里远的路上时,薛城百姓听说恩人返乡,纷纷扶老携幼,夹道相迎。孟尝君感慨良深,激动地对冯谖说:"先生您为我所买的'义',今天终于看见了。"

冯谖为孟尝君"千金买义"这一举动看似愚蠢,白白浪费了眼前的利益,然而实则正是说明了冯谖高瞻远瞩的战略眼光和深刻的洞察力。一般人通常只能看出实物价值的大小,根本不知"仁义"二字的价值。而冯谖能够以退为进,以损失眼前的利益换来长远的更大的利益,准确地评估出了"仁义"二字的无形价值,成为最为精明和最会算计的人中之杰。

可以这样说,当自己在帮助别人时,你也是在为自己今后的出路奠定了一个基础。因此,学会这一招一定会使每个人在人际交往中游刃有余。

赠予他人,在使别人受益的同时,自己也受益匪浅。

20 世纪中期,第二次世界大战席卷全球,世界上绝大多数国家都被卷入其中。在战争后期,随着大战的硝烟即将散尽,以美、英、法等为首的战胜国经过商量,决定设立一个协调处理世界事务的机构。这一意见受到了与会国家的一致赞成。然而令人头疼的问题是当时联合国作为世界上权威的世界组织,竟然没有立足之地。

当时,世界各国刚刚经历了第二次世界大战空前的浩劫,财政属于亏空状态,因此各国都不能拿出足够的资金来为联合国买地皮。而且当时美国纽约的地价十分昂贵,简直是寸土寸金。要想为联合国找到合适的安身之处,实在是一件不容易的事情。

就在各国对此一筹莫展之时,美国富豪洛克菲勒向联合国投出了橄榄枝。

当时洛克菲勒花了上亿元在纽约市郊买下了一大块地皮。依照常理这块地方可以建设成为一个独立的住宅小区,或者商业办公区。然而由于这块地皮不在黄金地段,很多人认为在这里大量的投资只会是一个败笔,没有什么好结果。

作为美国一流的家族财团,洛克菲勒家族经过商议,决定从这块地皮中划出一小块,无偿赠予联合国。洛克菲勒此举一出,立刻引来了美国其他财团的强烈反响。在他们眼里,将花钱买来的地皮不花一分钱就赠予联合国,洛克菲勒家族实在是愚蠢至极,有人甚至认为这样的经营会让洛克菲勒家族陷入困境,沦落成为美国的贫民集团。

随着联合国大楼的建成完工,联合国在世界的影响越来越大,不少建筑商纷纷看准了联合国的商业价值,于是周围的地价迅速飙升。而洛克菲勒以联合国为王牌,在土地上规划了外交区,最终巨额财富源源不断地涌进了洛克菲勒家族财团。而前段时间还对洛克菲勒家族冷嘲热讽的商人们不禁目瞪口呆,瞠目结舌。

其实,现实中,赠予别人也是一种聪明的经营之道。表面上"赠予"是将自己珍贵的东西拱手送给别人,实际上在赠予别人的同时,自己也收获了友谊,有时还是赚钱的商机。"赠予"别人,事实上就是"赠予"我们自己。

一家资金雄厚的鲜花公司想高薪聘请一位售花小姐。招聘海报张贴出去后,前来应聘的人几乎踏破门槛。经过几番面试,老板留下了三个女孩,让她们每人经营花店一周,通过对经营业绩的考核,再从中挑选一人。这三个女孩长得都如花一样美丽,其中的一个曾经在花店插过花、卖过花,另外一人是花艺学校的应届毕业生,而第三人只是一个待业青年。

插过花的女孩一听让她们以一周的实践成绩作为聘任条件,心中窃喜,因为插花、卖花对于她来说是轻车熟路。学过花艺的女生经营花店也是得心应手,她充分发挥从书本上学到的知识,从插花的艺术到插花的成本,她都精心核算,甚至把一些断枝的花朵用牙签连接花枝夹在鲜花中,用以降低成本……她的知识和她的聪明为她一周的鲜花经营带来了不错的成绩。

待业的女孩经营花店,与那两位有着专业知识的女孩相比显得有点放不开手脚,然而她置身于花丛中的微笑简直就是一朵花,她的心情如花一样美丽。一些残花她总舍不得扔掉,而是修剪修剪,免费送给路边过往的行人,而且每一个从她手中买花的人,都能得到她一句"鲜花送人,手留余香"的甜甜的祝福。虽然女孩努力地珍惜着她一周的经营时间,而且做得十分辛苦,但她的成绩与前两个女孩相比差距还是很大。

出人意料的是,老板竟然留下了那个待业女孩。老板的朋友及公司的员工都十分不解:为何老板放弃能为他挣钱的女孩,而偏偏选中这个外行的待业女孩?

老板解释说:用鲜花挣再多的钱也是有限的,用如鲜花一般美丽的心情去挣钱才是无限的。花艺可以慢慢学,可如鲜花一般美丽的心情是学不来的,因为这里面包含着一个人的气质、品德以及情趣爱好、艺术修养……

心灵悄悄话

如果我们需要快乐,我们就给予他人快乐;如果我们需要幸福,我们就给予他人幸福;如果我们需要爱,我们就给予他人爱;如果我们需要别人的关注和欣赏,我们就学会欣赏和关注别人;如果我们想精神上富有,我们就让别人精神上富有起来;如果我们想物质上富有,我们就帮助别人先富裕起来。

吃亏是福

洪应明说:"**毁人者不美,而受人毁者遭一番讪谤便加一番修省,可释冤而增美;欺人者非福,而受人欺者遇一番横逆便长一番器宇,可转祸而为福。**"吃亏是福,遭人毁谤、受人欺负都可以转为对自己道德品行的磨炼,转祸为福。

从前,有一天,父亲早早起床,为儿子和自己准备了两碗荷包蛋面条。父亲告诉儿子:"这里有两碗面条,你说你自己选哪个吧?"

儿子观察了一下,用手指着上面有卧蛋的那碗,说道:"我要吃那碗。"

父亲故意说道:"难道你没有听说过孔融让梨的故事吗? 孔融年仅7岁便懂得让梨,你今年都10岁了,也应该学会让蛋呀?"儿子听了父亲的话后,刚才高兴的样子一下子抛到九霄云外,他说道:"不行,我一定要吃上面有鸡蛋的那一碗。"

"你确定一定要吗? 不后悔吗?"父亲反问道。

"绝不后悔。"儿子表示出一份镇定的样子。

于是他用筷子对准那个能看见鸡蛋的那碗,吃了里面的鸡蛋。可是让他万万没有想到的是,父亲那碗里面竟然有两个鸡蛋。

父亲吃完后,告诉儿子说:"你要牢记,想占别人便宜的人,往往占不到便宜。"

第二天,父亲照样做了两碗荷包鸡蛋面条,其中一碗蛋卧上边,另一碗上边没蛋。当他将两碗面端上桌子的时候,问儿子:"今天你要吃哪一碗面?"

今天儿子耍了一回小聪明,他用手指着那一碗无蛋的碗,说道:"孔融让梨,我今天让蛋。"说完他便将那碗无蛋的端到自己面前。父亲再次让他确认,他表示绝不后悔。

大气——笑而不答心自闲

结果儿子的那一碗里面一个鸡蛋也没有,而父亲的碗底还藏着一个鸡蛋。当儿子知道真相后,一下子傻了眼。

父亲指着碗,对儿子说:"你知道吗?现实中那些想占便宜的人可能要吃亏。"

第三天,父亲如同往常,做了两碗荷包蛋面条,还是一碗蛋卧上边,另一碗看不出来。父亲问儿子:"你今天吃哪一碗吗?"

儿子诚恳地说道:"孔融让梨,儿子让面。父亲,您是大人,您先吃吧。"

父亲说:"那我就不客气了。"于是父亲端过上边卧蛋的那碗,结果儿子发现自己碗里也藏着一个荷包蛋。

现实中,暂时的吃亏也是一门学问。**那些整天爱占别人小便宜的人表面上自己没有吃亏,事实上他们得到的只是一些蝇头小利,往往到了人生的关键时刻,他们要栽跟头。**事实上,越是不愿意吃亏的人,往往越是吃亏,而且是吃大亏。而爱占便宜的人往往会失去做人的人格与尊严。

芳芳是一家广告公司的活动策划,她最近在工作中感到很委屈。原来,她和同伴接到了一个单子,为一家公司搞一场宣传活动。她和同伴觉得很欣喜,这是一个大客户,做好了以后可以源源不断地为他们公司服务。芳芳觉得这是她在业内崭露头角的机会,为此,她很努力,几经易稿后,她对自己的策划创意文案很满意。这是她和她的两个搭档加班加点,牺牲了好几个周末才做出来的方案。对方公司同意她们的方案后,芳芳和几个同事非常高兴地摩拳擦掌要上手了,这时,老板却让她把这个项目给另一个有经验的同事来操作,理由是那个同事已经多次做过类似的活动,能更好地把握与客户相关信息。如果你个人心胸太狭窄,不知道尊重他,从此你在他心里就留下一个长长的阴影。因此,在这种情况下,即使你认为自己应得到的是非常合理的,你最好的办法不是不择手段地据理力争,而是让上司主动地奖赏你。

吃亏必定意味着牺牲与舍弃。只有那些心胸宽广的人才会懂得吃亏的学问,因为他们深深懂得世界上没有白占的便宜。**乐于吃亏是做人的一种境界,是人格的一种升华。**对别人宽宏大量,别人也会尊重你。

有一天,歌德独自一人在公园散步。一位素不相识的人迎面而来。当两人擦肩而过时,那人突然拦住了歌德的去路,大声说道:"本人向来不给傻子让路。"这让歌德感到很意外,甚至有点猝不及防。

原来这位先生是歌德的读者,他曾因对歌德的作品有意见而严厉批评过歌德。这回歌德正好碰上了那个倒霉的家伙,他之所以咄咄逼人,无非是故意找碴儿来讽刺歌德。

遇上这种无理取闹的人,大部分人一定会和他针锋相对,甚至发展为斗殴吵架。而歌德却满脸笑容,客气地说:"我正好相反,非常乐意给别人让路。"歌德幽默的一句话让对方感到尴尬,他本想趁机再对歌德讽刺一番,没想到歌德竟会大度地原谅他。

试想一下,如果这件事情发生在别人身上,能够像歌德这样用幽默的方法处理事端的人恐怕不多。大多数人一定会选择和那人据理力争,非得闹出个所以然才肯罢休。其实,有时候对手正是利用常人的求胜心理专门设了圈套让别人钻,而大多数人会因此而上当。

吃亏不要紧,吃"眼前亏"是为了换取其他利益,吃点"眼前亏"更是为日后不吃亏而做准备。

老祖先说:"好汉不吃眼前亏。"现在的处世专家则说:"好汉要吃眼前亏!"

可是有不少人碰到眼前亏,会为了所谓的面子和尊严,而与对方搏斗。有些人因此而一败涂地不能再起来,有些人即使获得一些胜利,却元气大伤!

有一天,一头狮子向九只野狗提出一同猎食,它们猎了一整天,猎到了十只羚羊。到了平分战果的时候,狮子说:"看来我们要找个聪明人帮我们分才公平呀。"

这时一只野狗说道:"一对一就很公平呀。"

狮子大怒,上前把那只野狗打晕了,其他野狗看到这场面都吓坏了,这时,另外一只野狗忽然说道:"我们九个兄弟加一只羚羊是十,您加九只羚羊也是十,这样我们就都一样是十,就很公平了。"

狮子听了很开心,问它是怎么想到这么聪明的办法的,野狗诚实地回答:"在您打伤我们兄弟的时候我就是这么想的。"

大气——笑而不答心自闲

这则寓言很有现实意义。显然,九只野狗都不是狮子的对手,这样的眼前亏不吃,还要等着吃更大的亏吗?

所以说,好汉不妨吃点眼前亏,这个吃亏就是"舍",目的是以吃眼前亏来换取更多的机会,是为了存在和更高远的目标,这就是"得"。如果因为不吃眼前亏而蒙受损失或灾难,甚至把命都弄丢了,哪里还谈得上未来和理想?

心灵悄悄话

现实中,暂时的吃亏也是一门学问。那些整天爱占别人小便宜的人表面上自己没有吃亏,事实上他们得到的只是一些蝇头小利,往往到了人生的关键时刻,他们要栽跟头。事实上,越是不愿意吃亏的人,往往越是吃亏,而且是吃大亏。而爱占便宜的人往往会失去做人的人格与尊严。

牺牲成就涅槃

众所周知,壁虎在遇到危险时,通常会咬断自己的尾巴,让尚能抖动的尾巴吸引敌人的注意,从而自己趁机逃之夭夭。

狡猾的狐狸被猎人抓住后,为了得以生存,它们会咬断小腿逃生,保存性命。这就是动物的逃生法则。

留得青山在,不怕没柴烧。为了求生,壁虎的断尾,狐狸的断腿,都是一种假象,尽管它们作出了巨大的牺牲,但却是为了避免更大的危险。当遇到生命的危险时,敌我双方实力悬殊,而自己又处于劣势,如果不在这关键时刻定夺,势必会自身难保,惹来杀身之祸。

这时一味地坚持只会招来一命呜呼的横祸,而暂时做出自我牺牲,给自己留一条逃生的机会不失为妙计,这样既不会给对方留下把柄,又可自己保全自己。

勇于割舍,敢于牺牲局部利益来保全更大的利益,这是智者的生存之道。不过它有一个前提条件,那就是不得侵害别人的利益,即**不能为一己之利,损害他人之利;不能为暂时之利,损害长久之利;不能为局部之利,损害整体之利**。

如果仅仅为了一私之利,损人利己,贻害于无辜,那非君子所为。结果只能是使自己永远受到良心的谴责,终生无比内疚与悔恨,甚至被别人认为是见利忘义之流、忘恩负义之辈。

当一个人处于危难的时候,要学会割舍那些相对次要的利益,不要将它们看得很重,有时牺牲一点小利益能使自己免受更大的损失,否则就会因小失大,甚至让自己得不偿失。

钢铁大王安德鲁·卡内基在年轻时曾做过铁路公司的电报员。一次假日轮到他值班,突然来了一封紧急电报,内容令卡内基差点儿从椅子上跳了

大气——笑而不答心自闲

起来。紧急电报通知：在附近铁路上有一列火车车头出轨，要求上级照会各班列车改换轨道，以免发生追撞的意外惨剧。

由于是假日，卡内基怎么也找不到可以下达命令的上司，眼看时间一分一秒地过去，而一列载满乘客的列车正急速驶向出事地点。卡内基不得已，只好敲下发报键，冒充上司的名义下达命令给列车司机，命令他立刻改换轨道，从而避免了一场可能造成多人伤亡的惨剧。

按当时铁路公司的规定，电报员擅自冒用上司名义发报，肯定会得到立即撤职的处分。卡内基十分清楚这项规定，于是第二天上班时，就把装好辞呈的信封放到了上司的桌上。让卡内基没想到的是，上司当着卡内基的面，将他递过来的辞呈撕碎，还拍拍卡内基的肩头说："你做得很好，我要你留下来继续工作。记住，这世界上有两种人永远原地踏步，一种是不肯听从命令行事的人，一种是只听从命令行事的人。幸好你不是这两种人其中的一种。"

卡内基在危机关头，权衡了两种选择将造成的损失之后，毅然选择了违背固定的制度，冒着失去工作的危险，来保全更多人的生命。

这件事不仅表现了卡内基舍己为人的无私精神，还体现出卡内基对待规则的灵活与做选择时的睿智与果断，正是这两点促使他作出了正确的选择。

在人生的大风浪中，我们不妨学远航船只上船长的样子，在狂风暴雨之下把笨重的货物扔掉，以减轻船的重量。生活就是苦乐相伴、悲喜交加、得失相随的，拥有一颗豁达、开朗的心，就会使平凡黯淡的生活变得有滋有味、有声有色。

有一位名叫麦克的英国青年热衷于诗歌，虽然一直默默无闻，但他还是发誓要成为一名伟大的诗人。

有一天，麦克在自家的花园里散步，一阵强风吹过树梢，树上的鸟窝被纷纷吹落在地上。正当他对着地上的鸟窝伤感沉思时，却发现两只小鸟已经开始在枝头另筑新巢了。

麦克顿时喜上眉头，刹那间悟透了生命的意义，珍爱生命就必须学会放弃，一个"窝"被毁了，我们要做的应是再建一个。

于是，麦克不再执迷不悟，开始投身企业。几年后他成了一名成功的企业家，当上了英国成功者协会的主席。

这样想来，对成功的渴望，不仅在于对理想的执著，更多是在于果断而及时地放弃。

漫漫人生路并非一马平川，难免有磕磕绊绊。许多人学会了竞争，学会了占有，而少有人学会放弃。此路不通，换一条走走，总有一条是适合自己的，总有一条可以通向成功。

不会放弃的人，不会拥有全新的自我，不会拥有属于自己的明天；只能在苦苦坚持中痛苦，在死乞白赖中错过人生的精彩，在踯躅徘徊中迷失自己的本能。**不会放弃的人，只是在慢慢消耗自己的生命。**这样的人犹如一只超载的大船，在茫茫大海中蹒跚而行，是没有希望穿洋过海到达彼岸的。

放弃是一种艰难的选择。在这个竞争激烈的社会，无论是为了我们的生活，还是为了我们的理想、信念，若能做到真正的放弃，更是难能可贵。学会放弃，让伤心随风而逝，从此快乐相随……

放弃需要有"敢冒天下之大不韪"的魄力，也要面对各种压力，或来自社会，或来自世俗。"中国导弹之父"钱学森，为了报效祖国，毅然放弃国外的优越待遇，千方百计回到祖国。为了祖国的明天，他作出了无私的放弃。

放弃，不是"轻言失败"，不是遇到困难阻碍就退却、屈服，而是迎难而上的另一种方式，是急流勇退的最好表达。放弃遥不可及的幻想，放弃孤注一掷的鲁莽，多几分冷静和沉着。

再回首时才会发现，曾经的放弃是多么明智的选择。放弃是一种坦荡的心境，是一种大度的气概。放弃是这样一种选择：既是对过去反省三思的路，又是对未来满怀憧憬的路。

放弃，是意志的升华，是精神的超脱，是一种高深的境界。学会了放弃的人才算是拥有了真正的大智大勇。**人生其实只是一段路，从这头走到那头，可以哭，可以笑，却没有停止的理由。**经历了重重磨难，经过了大悲大喜、大起大落，才会真正明白放弃的内涵。学会放弃，放弃对名利的不当追求，放弃对金钱的贪婪索取，退一步，不会是永远的失败，却可能是海阔天空、柳暗花明。

放弃行囊，是让自己轻装上阵。短暂的放弃和长久的拥有，得与失之间就是在如此转换。因此，不会放弃的人已经在不知不觉间放弃了太多。固守着一寸土地，牢牢护卫着一朵快要枯死的花儿，时间慢慢地流逝，思想在寂静中凝固成一堵砖墙，最终你只能看到凋零的一抹枯黄。须知天涯何处无芳草，何必为了一朵花而放弃满园芬芳呢？

心灵悄悄话

当遇到生命的危险时，敌我双方实力悬殊，而自己又处于劣势，如果不在这关键时刻定夺，势必会自身难保，惹来杀身之祸。这时一味地坚持只会招来一命呜呼的横祸，而暂时地做出自我牺牲，给自己留一条逃生的机会不失为妙计，这样既不会给对方留下把柄，又可自己保全自己。

心胸坦然，处世安然

人生在世，有许多东西是需要果断放弃的。在仕途中，放弃对权力的争夺，随遇而安，得到的是宁静与淡泊；在淘金的过程中，放弃对金钱无止境的追逐，得到的是安心和快乐；在春风得意、身边美女如云时，放弃对美色的猎取，得到的是家庭的温馨和美满。

有些人随时淘汰那些不再需要的东西，省去了集中处理时的大费周折，平时家中也显得简洁舒适。人都喜欢焕然一新的感觉，不学会放弃的人是无论如何也无法焕然一新的。因此，学会放弃也就成了一种境界，大弃大得、小弃小得、不弃不得。学会放弃生命中可有可无的东西，心胸自会坦然。

有一个年轻人准备长途跋涉去旅行，他想得非常周到，随身带了一个沉重的背包，里面塞满了各种各样的东西，如食品、切割工具、衣服、指南针、药品等。年轻人对自己的背包非常满意，他认为自己为这次旅行做好了充分的准备。

一位智者检查完他的背包之后，突然问了一句："这些东西让你感到快乐吗？"年轻人愣住了，这是他从来没有想过的问题。他开始问自己，结果发现，有些东西的确能让他很快乐，但是有些东西实在不值得背着走那么远的路。

年轻人决定舍弃一些不必要的东西。接下来，因为背包变轻了，他感到自己不再有束缚，而且还能体会到旅程中的方便与惬意，旅行变得更愉快。

这个年轻人就是真正聪明的人，因为他懂得放弃。他放弃了沉重，获得了轻松；放弃了束缚，获得了愉快。

其实，一个人要有所得必要有所失。只有学会放弃，才有可能步入人生佳境。很多时候我们羡慕在天空中自由自在飞翔的鸟儿，因为鸟儿们总是

大气——笑而不答心自闲

欢唱于枝头,跳跃于林间,与清风嬉戏,与明月相伴,饮山泉,觅草虫,无拘无束,无羁无绊。从来没有谁见过鸟儿们因为对自己不满足而停止了跳跃与歌唱。

该执着时执着,该放弃时放弃,衡量清楚,知己知彼,才不会太辛苦。很多事情的结局一开始就已经注定了,做再多的努力也不过徒费心机。既然这样,我们何不放弃呢? 放弃,何尝不是一种解脱呢? 得何以喜,失又何以悲? 要坚信:一个浪花消逝时,必将激起另一个更加美丽的浪花。

有人说:**"得不到的东西永远是最美丽的。"**既然明知不可能得到,又何必为此朝思暮想呢? 不如面对现实,彻底把它放弃,同时也给自己一个追求新目标的机会。当"为伊消得人憔悴"时,是否真的能够做到"衣带渐宽终不悔"呢? 不如把这份美丽长存心中,好好珍惜和享受一些已经拥有的美丽。对于一个人来说,如果不懂得放弃不属于自己的东西,就不会珍惜身边的美好并拥有它,结果就会弄得想要的追求不到,本来拥有的也失去了,甚至可能变得一无所有。只要自己适当地选择执着与放弃,不过于强求,任其自然,往往在不经意间就能找到真正适合自己和属于自己的东西。

如果你百般努力却成功无期,你不妨学会放弃,换一种活法,或许会让你惬意无比。

适当地放弃何尝不是一种美德? 或许有另一扇窗户开着,外面是自由的天,自由的地,自由的空气……

人生本来就是一场角逐,你若能保持头脑清醒,在人群之外,在功利主义之外,你就不会成为受伤的角斗士,你就能抵挡得住虚华的诱惑,就能放弃对虚华的渴求。

我们都有过许多梦想,但不是每个梦想都可以实现的,当满怀的希望落空时,生活也似乎变得阴暗了。过分地执着于一个不可能实现的梦想,对于人生是一种太过沉重的负担、一种负面的影响,甚至是一种伤害。所以,我们要懂得放弃。正如盛开的花朵为了结出果实,就一定要放弃美丽的容颜。放弃过高的奢望,放弃不可能实现的梦想,脚踏实地,才能活得真实从容,才能走出真正属于自己的路;放弃了不可能的结果,才能重新开始。

有些人总喜欢不切实际地给自己加上负荷,不肯放下,自谓为"执着"。执着于名与利,执着于一份痛苦的爱,执着于幻美的梦,执着于空想的追求。数年韶华逝去,才嗟叹人生的无为与空虚。他们总是固执、任性,由"我想做什么"到"我一定要做到什么"。理想与追求反而成为一种负担,就像逐日的夸父始终也没能追上太阳的东升西落,因为他们不懂得适当地放弃。

懂得放弃的人才是懂得减压的人,才是最聪明的人。一个人只有懂得放弃,才能在放弃中成长。因为人成长的过程,就是不断放弃的过程。

心灵悄悄话

人都喜欢焕然一新的感觉,不学会放弃的人是无论如何也无法焕然一新的。因此,学会放弃也就成了一种境界,大弃大得、小弃小得、不弃不得。学会放弃生命中可有可无的东西,心胸自会坦然。

大气——笑而不答心自闲

第六篇　大气人生之自主

在别人心中,也许你微不足道,也许你高高在上,但无论怎么说,别人始终是别人,他无权限制你的自由,无权阻止你的思维。走自己的路,让别人去说吧!

走自己的路,何必在意别人的看法! 无论世俗的一切如何带着有色的眼镜看自己,无论外力如何挤对自己,要坚信——走自己的路。人在旅途,自己就是自己的主宰。

信念的力量无疑是巨大的,它能给人以希望和动力,让人始终朝着自己所追求的目标前进,并且永不停止或回头,直至到达目的地。坚定自己的信念,你就会收获丰富,你就会得到成功。

我的选择我做主

俞敏洪说过这样一段话：**人在世界上应该独立地生存，尤其是精神上的独立；这并不意味着不和别人打交道或不互相帮助。**但有人就像藤一样，总要依赖缠绕于墙、树甚至腐朽的木棍才能生存，最后常把树缠死。人应该像树一样，扎根土地，独立成长。树与树之间枝杈相交，那是感情的交流、友谊的问候，但精神就像树的主干，永远独立。

北大学子柳智宇已经被麻省理工大学（MIT）全奖录取，却选择出家龙泉寺，闹得沸沸扬扬，主要是因为"北大"二字，所以北大学生卖肉、出家都成新闻。其实**"北大"最重要的精神就是培养学生个性独立、精神自由，让学生学会如何选择自己的人生。**所以，只要柳智宇的选择是理性的，出世入世都能有成就。当初没有出家，就没有弘一法师。

是的，一个人如果没有学会选择自己的人生，就很难有独立性，他的人生就很盲目。且看下面这个故事：

曾经有一个各方面条件都不错的姑娘，到了该结婚的年龄，身边的人都在为她的幸福奔波着。终于，有两个小伙子闯进了最后的争夺阶段。这两个小伙子各有特点，一个浓眉大眼、风度翩翩，一个尖嘴猴腮、其貌不扬。俩人对姑娘都钟情万分，大献殷勤。这让姑娘拿不定主意。于是，姑娘向上帝求助，希望上帝能指点她的真命天子到底是谁。

上帝也很喜欢这个姑娘，于是破例显灵，出现在姑娘的面前。上帝说，姑娘，我可以让你看到这两个小伙子未来的发展，也许这有利于你的选择。姑娘感激地点头，上帝挥挥手，一片光亮呈现在姑娘面前，未来的时光顿时显现，姑娘目不转睛，害怕错过丁点儿细节。

在未来，那个帅气的小伙子平步青云，跟着他锦衣玉食、生活奢侈，但是小伙子也渐渐地不再在姑娘身边，而是夜夜笙歌，只剩姑娘孤灯相伴熬过漫漫长夜,除了忍受寂寞侵袭,还要忍受小伙子的花天酒地及所谓的逢场作戏;而那个相貌平平的小伙子只有一份稳定的工作,跟着他只能衣食无忧,生活没奢华,只是安分守己地过日子,但是在缺乏多变的生活中,小伙子却能时时为姑娘制造廉价的惊喜,将姑娘牢牢放在心上,始终给姑娘一个宽厚牢靠的肩膀。

面对上帝,姑娘毫不犹豫地选择了后者。姑娘说,与金钱相比,还是感情重要。上帝轻轻微笑,说祝福你我可爱的姑娘,愿你幸福！姑娘如愿地嫁给了其貌不扬的男子,过着她早已知道的温饱生活,没有任何奢求。

日子一天天、一月月、一年年过去,生活的劳累磨去了姑娘的美丽,枯燥的日子消减了姑娘的浪漫,热烈的爱情在小伙子黔驴技穷的惊喜中渐渐乏味,平淡的生活开始出现矛盾的涟漪。姑娘开始哀叹,当初为何不选择那个前途无量的男子,哪怕孤寂也会因挥霍钱财而暂时满足精神的空虚,也好过如此无边无际的平淡与乏味。从此,丈夫的疼爱再也得不到姑娘的共鸣与满意,反而助长了姑娘暴躁的脾气。

如果真的可以重新选择,如果真的选择了富裕的生活,谁能保证姑娘会在无爱的空虚中真的会通过钱财的挥霍而得到满足？谁又能保证这种满足会让姑娘真的无怨无悔？

或者姑娘两者皆不选,依然等待,等待一个既有无量前途又能疼爱她一生一世的男人出现。呵呵,这个等待或许只能是个梦！

有时候,选择是很残酷的事。**很多人觉得不幸福,不是因为自己选择错了,而是因为那些幸福的人从来没有后悔过自己的选择**！也就是说,自己的选择自己做主,别人说的不算,那才是真正的成功、真正的幸福。

还在一本故事书上读过这样一个关于选择的故事:

年轻的亚瑟国王被邻国的伏兵抓获。邻国的君主被亚瑟的年轻和乐观所打动,没有杀他,并许诺只要亚瑟回答一个非常难的问题,他就可以给亚瑟自由,并允许亚瑟有一年的时间来思考这个问题。如果一年的时间还不能给他答案,亚瑟就会被处死。

这个问题是:女人真正想要的是什么？

这个问题连最有见识的人都困惑难解,何况对年轻的亚瑟。但回答问题总比死亡要好得多,亚瑟接受了国王的命题——在一年的最后一天给他答案。

亚瑟回到自己的被监禁的住处,开始向每个人征求答案。公主、妓女、牧师、智者、宫廷小丑……他问了所有的人,但没有人可以给他一个满意的回答。人们告诉他去请教一个老女巫,只有她才能知道答案。但是他们警告他,女巫的收费非常高,因为她昂贵的收费在全国是出名的。

一年的最后一天到了,亚瑟别无选择,只好去找女巫。女巫答应回答他的问题,但他必须首先接受她的交换条件:和亚瑟王最高贵的圆桌武士之一、他最亲近的朋友——加温结婚。亚瑟王惊骇了,看看女巫:驼背、丑陋不堪,只有一个牙齿,身上发出臭水沟般难闻的气味,而且经常发出猥亵的声音。他从没有见过如此不和谐的怪物。他拒绝了,他不能强迫他的朋友娶这样的女人而让自己背付沉重的精神包袱。加温知道这个消息后,对亚瑟说:"我同意和女巫结婚,没有比拯救亚瑟的生命和保存圆桌更重要的事了。"于是,婚礼宣布举行了。女巫也回答了亚瑟的问题:女人真正想要的是主宰自己的命运。

主宰自己的命运,就是自己的命运自己掌握,就是我的选择我来做主。其实何止是女人需要主宰自己的命运,我们每个人都要学会自己主宰自己的命运。

心灵悄悄话

有时候,选择是很残酷的事。很多人觉得不幸福,不是因为自己选择错了,而是因为那些幸福的人从来没有后悔过自己的选择!也就是说,自己的选择自己做主,别人说的不算,那才是真正的成功、真正的幸福。

我的自我我做主

大千世界,芸芸众生。人们总是习惯于欣赏别的人和事,而且在望洋兴叹的感慨之中,有些人消极地自惭形秽,有些人盲目地东施效颦,却很少有人去欣赏自己。其实,**不论自己长得美还是丑,也不论自己活得伟大还是渺小,都要欣赏自己!**

当然,欣赏自己绝非孤芳自赏;一个人不应该因为自己的默默无闻而烦恼自卑。看那春寒陡峭中的冰凌花,它从来不被人像牡丹那样地宠爱,而它仍旧义无反顾地迎着寒风倔强地开放着。天底下的至香至色,只愿与清寒相伴。"人不知而不愠,不亦君子乎!"不卑不亢,落落大方,才是一个人有血有肉的风格。平凡是一种美,是一种永恒的美,只要活得有滋味,就不必太在意活着的方式。只有学会欣赏自己,才会发现属于自己的美:

> 性格内向的人,拥有的是凝重和深刻;
> 宁折不弯的人,拥有的是豪迈和坚强;
> 饱经风霜的人,拥有的是忍耐和坦然;
> 历尽失败的人,拥有的是柔韧和毅力。

只要做了自己该做的事,走了自己该走的路,就会拥有别人所没有的东西,就会活出自己的模样。

不可否认,目前人们要承受的竞争压力太大,有来自于生活的,也不乏来自工作的。在多种压力下,使人们的思想很容易产生偏颇,有的甚至力不从心,对自己工作表现出不求有功、只求无错的想法,感觉对自己设立的目标很茫然,有的干脆没有目标。有这样的想法显然是在多种压力下没有客观地分析自己,没有恰到好处地剖析自己的长处,也就是我们平常说的不会欣赏自己,看不到自己的长处在哪里,找不到闪光点,就无法给自己准确定

大气——笑而不答心自闲

位,也就把握不准向前的动力。因此,学会欣赏自己非常重要。

有一位基层单位的修理工,由于他技术过硬,多年来经他维修的车辆几十台,都是手到"病"除,年年高质量地完成了车辆维修任务,深受领导和职工们的好评;人们给他一个车辆修理专家的称呼。就这样被大家公认的基层修理专家,当大家一致推荐他去参加更高一层技术修理比赛时,他显得很没有信心,底气不够,这种想法就是对自己欣赏不够的表现。

欣赏是挖掘人内在潜力的基础。人只有学会欣赏自己,才能更好地把握自己,才能更好地找准立足点,客观地对自己做出评价,才能不偏离奋斗的航向,才能更好地发挥自己的专长,在自己的工作岗位上有创新、有收获;只有在自己欣赏的前提下,才会得心应手地去工作;愿景目标的实现也不会遥远。

平时在我们的生活圈子里,别人事业的成功、仕途的荣升、孩子高考取得了好成绩等都令我们眼前一亮。为他们喝彩,对他们产生无比的崇敬与欣赏,觉得他们是最幸福的人,习惯成自然地为他人喝彩,欣赏他人。而当你事业征途一片迷茫时,或生意上一败涂地时,你是否心灰意冷,连死的心也都有? 这时你可曾给自己鼓足勇气:没什么,以后会好的! 别后悔,这只是上帝同我开了个玩笑。我行,我一定行! 越是在人生失意、事业不顺的情况下,自己一定要给自己打气。世上没有过不去的火焰山,没有趟不过去的通天河!

要学会好好端详自己,欣赏自己,这时就会发现自己身上还有许多闪光的地方,只是平时自己没有留意罢了。这时对自己进行重新估价,选择一条适于发展的道路。每个人身上都有自己的长处或闪光点,关键在于会不会欣赏,能不能发现。能欣赏自己,就会少一些抱怨、多几分洒脱,在豁达的心态中坦然走自己的路;会欣赏自己,就能扬起追求的风帆,驾驭希望之舟驶向理想的彼岸。

有个年轻人大学毕业后,被分配到某所中学任教,因口齿不清,不敢走上讲台授课,他对自己教书失去了信心。一位先哲知道了这件事,就找他谈心,既然教不成书,何不搞科研,后来这位年轻老师在先哲的鼓励下,重新估量自己，觉得自己语言表达能力太差，但智商并不低，于是他决定搞科研项目。几年下去，成果不断，一举成名。

欣赏自己绝不是抬高自己，而是总结经验教训，客观公正地对自己进行检讨，找寻人生的突破口，才能跟上时代的步伐。

所以，我们必须要学会自己欣赏自己，发现自己。记住，地球上没有和你一样的人……在这个世界上，你独特的存在，只能以自己的方式生活。不论好坏与否，你只能耕耘自己的小园地；只能在生命的乐章中奏出自己的音符。学会欣赏自己的人是自信的人。欣赏自己的人是没有偶像的，因为人们对于偶像的感情只能是崇拜和羡慕，可是如果一个人太崇拜和羡慕别的人，便失去了自我，很难挣脱。就像萤火虫从来就不崇拜和羡慕太阳一样，它只是欣赏自己，所以才能到了晚上放出自己不一样的光来。

当然，学会欣赏自己的人，还要带着同样欣赏的目光去欣赏别人，只是欣赏，而不是崇拜或者羡慕。这样做，就容易使别人的优点，变成自己的优点。只有自己不断欣赏自己，从中发现优点，改正缺点，在欣赏中不断充实自己，完善自己，提高自己的自信心，才能等到别人欣赏自己的一天……

心灵悄悄话

欣赏自己绝非孤芳自赏，一个人不应该因为自己的默默无闻而烦恼自卑。看那春寒陡峭中的冰凌花，它从来不被人像牡丹那样地宠爱，而它仍旧义无反顾地迎着寒风倔强地开放着。不卑不亢，落落大方，才是一个人有血有肉的风格。只有学会欣赏自己，才会发现属于自己的美。

大气——笑而不答心自闲

我的信念我做主

一片茫茫无垠的沙漠，一支探险队在负重跋涉。阳光很强烈，干燥的风沙漫天飞舞，而口渴如焚的队员们没有了水。

这时候，探险队队长从腰间拿出一只水壶。说这里还有一壶水，但穿越沙漠前，谁也不能喝。

那壶水从队员们手里依次传开来，沉沉的一种充满生机的幸福和喜悦在每个队员濒临绝望的脸上弥漫开来。终于，探险队员们一步步挣脱了死亡线，顽强地穿越了茫茫沙漠。他们相拥着为成功喜极而泣的时候，突然想起了那壶给了他们精神和信念以支撑的水。

拧开壶盖，汩汩流出的却是满满一壶沙。在沙漠里，干燥的沙子有时候可以是清冽的水——只要你的心里拥有清泉的信念。

是什么使他们挣脱了死亡线？是信念——一壶水的信念，使他们走出了沙漠。没有这份坚定的信念，他们很可能陆续在炽热的沙漠中倒下，与这些干燥的风沙永远结伴！

信念是呼吸的空气，是沙漠中旅人的饮水，是我们心中的太阳。**信念坚定的人，会无怨无悔地工作，尽心尽力地奋斗，跨越前进道路上的坎坷与荆棘，最终取得辉煌的成就。**

愚公的信念是平掉屋前的两座高山，于是他带领子孙挖山不止，直到感动了天帝。爱迪生怀着发明电灯的信念，先后实验了1600种耐热材料，反复试验了近2000次，终于制作出世界上第一盏电灯。中国女排运动员们怀着摘取世界冠军桂冠的信念刻苦训练顽强拼搏，勇夺"五连冠"殊荣。

如果把人生比之为杠杆，信念刚好像是它的"支点"。具备了这恰当的支点，就能成为一个强有力的人，一个大写的人。

罗杰·罗尔斯是纽约历史上第一位黑人州长。他出生在声名狼藉的大沙头贫民窟。在这儿出生的孩子，长大后很少有人获得过体面的职业。然而罗杰·罗尔斯是个例外，他不仅考入了大学，而且成了州长。在他就职的记者招待会上，罗尔斯对自己的奋斗史只字不提，他仅说了一个非常陌生的名字——皮尔·保罗。后来，人们才知道，皮尔·保罗是他上小学时的一位校长。

1961年，皮尔·保罗被聘为诺必塔小学的董事兼校长。当时正值美国嬉皮士流行的时代。他走进大沙头诺必塔小学的时候，发现这儿的穷孩子整天无所事事，他们旷课斗殴，甚至砸烂教室的黑板。当罗尔斯从窗台上跳下，伸着小手走向讲台时，校长对他说："我一看你修长的小拇指就知道，将来你是纽约州的州长。"

当时罗尔斯大吃一惊，因为长这么大，只有他奶奶让他振奋过一次，说他可以成为5吨级的小船的船长。这一次皮尔·保罗竟然说他可以成为纽约州的州长，着实出乎他的意料。他记下了这句话，并且相信了它。

从那天起，纽约州州长就像一面旗帜。他的衣服不再沾满泥土，他说话时也不再夹杂着污言秽语，他开始挺直腰杆走路，他成了班主席。在以后的40多年，他没有一天不按州长的身份要求自己。51岁那年，他真的成了州长。

在他的就职演说中，他说："在这个世界上，信念这种东西，每个人都可以免费获得，所有成功者最初都是从一个小小的信念开始的。"

当然，信念不是盲目的痴人说梦，信念必须自己有把握，胸有成竹。凡是使用过电脑的人相信对"微软"这家公司不会陌生，然而大多数的人只知道它的创始人之一比尔·盖茨是个天才，却不知道他为了实现自己的信念而孤独地走在前无古人的路上。

当时盖茨发现，在墨西哥州阿布凯基市有家公司正在研究发展一种称之为"个人电脑"的东西，可是它得用 BASIC 程序语言来驱动，于是他便着手开始进行写这套程序并决心完成这件事，即使他并无前例可循。盖茨有个很大的长处，就是一旦他想做什么事，就必有把握给自己找出一条路来。在短短的几个星期里，盖茨和另外一个搭档竭尽全力，终于写出了一套程序语言,因而也使得个人电脑的专用程序问世。

　　盖茨的这番成就造成一连串的改变,扩大了电脑的世界,三十岁的时候成为一名家财亿万的富翁。的确,有把握的信念才能够发挥无比的威力。
　　信念能给人以希望和动力,让人始终朝着他所追求的目标前进,直至目的地。

　　当苏武被流放到北海时,那里的生活条件、气候条件都非常艰苦。下雪的时候,苏武就躺在地窖里,嚼着雪,和毡毛一同吞下去。很多时候他是靠挖野鼠储藏在穴中的野果来吃的。别人看到他没死,都还以为他是神。当匈奴帝单于想要封他公爵,给他锦衣玉食时,他断然拒绝。他不追求荣华富贵,功名利禄,因为他知道,他所要报效的朝廷不在这里,他心里有主。他被扣留在匈奴共十九年,当初是在身强力壮的情况下出使的。等到回来时,胡须和头发都白了,已变为一个瘦弱的老人,但他绝不后悔当初自己的选择。

　　他靠的是什么? 靠的就是坚定的信念! 一个人一旦失去了信念,那么"哀莫大于心死",生存的目的便空无了。

心灵悄悄话

　　信念不是盲目的痴人说梦,信念必须自己有把握,胸有成竹。凡是使用过电脑的人相信对"微软"这家公司不会陌生,然而大多数的人只知道它的创始人之一比尔·盖茨是个天才,却不知道他为了实现自己的信念而孤独地走在前无古人的路上。

我的目标我做主

有一种很奇怪的虫子，人们叫它列队毛毛虫。为什么呢？因为它们喜欢列成一个队伍爬行。最前面的一只负责方向，后面的只管跟从。

生物学家法布尔曾做过这样一个实验：他将几只毛毛虫放在一个大花盆上，领头的那只围着这个大花盆绕圈。结果发现，其他的毛毛虫紧随其后，它们有条不紊地在花盆边绕了一圈又一圈。

这些毛毛虫遵守着它们的本能、习惯、传统、先例，它们失去了自己的判断，盲目跟从，进入一个循环的怪圈。

其实，人在有些时候又何尝不是如此呢！有些人并不知道自己到底需要什么，过着一种随波逐流的生活。他们迷失了自我，忘记了自己曾经的目标和追求，没有坚定的立场，缺乏判断是非的能力，只能随着别人走，与世相浮沉。看到别人买房了就去买房，看到别人"下海"了就去"下海"。他们认为，别人都这么过，我折腾个啥？

你看看那顺流而下的树叶，你就会知道它的结局。它们默默无闻地来，又默默无闻地去，随波逐流，最后消失在茫茫大海里。这就是没有目标的悲剧，虽然人不同于树叶，但一个人若毫无目标地生活，又与那随波逐流的树叶有何异？

比塞尔是西撒哈拉沙漠中的一颗明珠，每年有数以万计的旅游者来到这儿。可是在肯·莱文发现它之前，这里还是一个封闭而落后的地方。这儿的人没有一个走出过大漠，据说不是他们不愿离开这块贫瘠的土地，而是尝试过很多次都没有走出去。

肯·莱文当然不相信这种说法。他用手语向这儿的人问原因，结果每个人的回答都一样：从这儿无论向哪个方向走，最后都还是转回出发的地方。为了证实这种说法，他做了一次试验，从比塞尔村向北走，结果三天半就走了出来。

比塞尔人为什么走不出来呢？肯·莱文非常纳闷，最后他只得雇一个比塞尔人，让他带路，肯·莱文收起指南针等现代设备，只挂一根木棍跟在后面。

十天过去了，他们走了大约八百英里的路程，第十一天的早晨，他们果然又回到了比塞尔。这一次肯·莱文终于明白了，比塞尔人之所以走不出大漠，是因为他们根本就不认识北斗星。

在一望无际的沙漠里，一个人如果凭着感觉往前走，他会走出许多大小不一的圆圈，最后的足迹十有八九是一把卷尺的形状。比塞尔村处在浩瀚的沙漠中间，方圆上千公里没有一点参照物，若不认识北斗星又没有指南针，想走出沙漠，确实是不可能的。

肯·莱文在离开比塞尔时，带了一位叫阿古特尔的青年，就是上次和他合作的人。他告诉这位汉子，只要你白天休息，夜晚朝着北面那颗星走，就能走出沙漠。阿古特尔照着去做，三天之后果然来到了大漠的边缘。阿古特尔因此成为比塞尔的开拓者，他的铜像被竖在小城的中央。铜像的底座上刻着一行字：新生活是从选定方向开始的。

真正的人生之旅，就是从设定目标的那一天开始的。以前的日子，只不过是在绕圈子而已。

有位哲人说，如果你认为你一生中不会陷入绝境，那么只能证明你正在走向绝境的路上。

那位哲人还说，如果你已经陷入了绝境，那么就证明你已经得到了上帝的垂青，将获得一次改变命运的机会。如果你已经走出了绝境，回首再看看，你会说你从未发现过，自己要比自己想象的要伟大，要坚强，要聪明。

是的，我们生活在这个社会上，就如同处身于一个巨大的旋涡中，我们常常身不由己，并且连旋涡旋转的方向也很难把握。我们的努力，只是提供了前进的可能性，却不能确定我们前进的方向。

于是，人生就有两种选择：一是随波逐流；二是向着自己的目标努力挥动双臂。

不错，随波逐流是很舒畅的，但我们不能这样，我们要向着自己的目标不断地挥动着双臂。我们也许会很辛苦、很寂寞,但我们自得其乐;更容易靠近成功。

请你不要怨天尤人,请你学会享受寂寞和误解,努力挥动你的双臂。**你的目标也许终生不能达到,你也许会终生寂寞,但你努力一点,目标就会离你近一点。至少,你的坚持会为同类的人提供成功的条件。**

事实上,所谓的大师,就是那些能够忍受寂寞、误解和非议,在全新的领域里默默奋斗,为后来者开创出一条崭新的道路的人。

所以,如果你觉得自己孤独、寂寞、与这个世界格格不入,请不要盲目地否定自己。也许,你天生就与众不同,你的天性注定了你要走一条全新的人生道路,奋力挥动你的双臂,在这个波涛汹涌的大旋涡里朝着自己的目标努力吧。

任何时代都有不随波逐流的人,也可以不随波逐流。尽管大部分人命途多舛,但取得成就的或者说让历史记住的,往往是坚定目标、不随波逐流的人。

心灵悄悄话

你看看那顺流而下的树叶,你就会知道它的结局。它们默默无闻地来,又默默无闻地去,随波逐流,最后消失在茫茫大海里。这就是没有目标的悲剧,虽然人不同于树叶,但一个人若毫无目标地生活,又与那随波逐流的树叶有何异?

大气——笑而不答心自闲

我的个性我做主

在国家体操女队主教练陆善真的眼里，杨伊琳就是霍尔金娜的翻版。陆善真称："她无论是外形还是动作的神韵，都像霍尔金娜，有灵气，给人以美的享受。"杨伊琳却嘬着小嘴说："我不要当翻版的霍尔金娜，要做中国的杨伊琳。"

不做别人的翻版，看起来很平常很自然的一句话，细想想却是那么的不容易。**不翻版他人就是要做自己，就是要不迷失自我，就是要自己的事情自己做主。**可就是这样简简单单地做回自己却成了世间最难的事情。因为在人生这条漫长而曲折的道路上，总有一些东西不在我们的掌握之中，我们总会因他人的眼光而改变自己。也许你身边总有些人告诉你，你应该怎样做；提醒你，你该成为什么样的人；告诫你，你不能违背这个违背那个。这时，你还会做自己吗？

在一个美丽的花园里，有苹果树、橘子树、梨树和玫瑰花。花园里的所有成员都是那么快乐，唯独一棵小橡树愁容满面。可怜的小家伙被一个问题困扰着，那就是，它不知道自己是谁。苹果树认为它不够专心："如果你真的努力了，一定会结出美味的苹果，你看多容易！"玫瑰花说："别听它的，开出玫瑰花来才更容易，你看多漂亮！"小橡树按照它们的建议拼命努力，但它越想和别人一样，就越觉得自己失败。

我们也时常像这株小橡树，在某个时刻迷失自己，想模仿他人取得成功，结果越来越枉然。法国作家心涅科尔曾说："对于宇宙，我微不足道，可是对于我自己，我就是一切。"你就是你，不是别人的翻版。**每个人都有自己独特的个性和潜能。善于将其开发出来，你才能够活出真正的自己。不做**

他人的翻版,保持真我本色,你就能成为最好的自己。

大多数人都有过这样的内心冲突:是做自己,还是做别人的翻版?其实,每个人只有按自己所期望的生活方式去生活,做自己真正想做的事情,内心的焦虑和冲突才会消失。如果因做他人的翻版而丢失了自己,是不值得的。

曾经看中国中央电视台《燕升访谈——戏苑百家》,主持人白燕升专访安徽黄梅戏五朵金花之一的袁玫。袁玫谈了她当初离开黄梅戏舞台的原因。当白燕升问她在广东这个改革开放的最前沿,面对花花世界如何能做到不随波逐流,保持做人、做事、从艺的本色时,她说,是教育让她守住做人的底线,和她一批的许多漂亮女演员,不是嫁富翁就是出国,但她选择了留守,选择了自己心爱的事业——从影视演员到电视制片人,经商、投资搞影视公司,事业上红红火火,实现了人生价值的最大化。她说,如果当初我也像其他女孩一样,在商品经济的大潮中迷失自我,不敢坚持自己的选择,恐怕也不会有今天的成功,别人也不会再记起我。我选择了我喜欢做的事,我付出了我的辛劳,我也获得了成功。

这个谈话节目,给人印象最深的不是当年"五朵金花"五姐妹之间的恩恩怨怨,也不是袁玫的走红和事业有成,而是她讲到的"不迷失自我"和不做他人的翻版。在人生这个大舞台,在社会这个大染缸里,迷失自我酿成惨剧的案例太多。如有的人做了官,便忘记自己贫寒的出身,高居官位,翻手为云,覆手为雨,以玩弄权术为乐,不可一世,个人的欲望极度膨胀,以致在宦海浮沉中迷失了自我。再如,有的人喜欢跟风,看到别人"下海"经商,他也坐不住了,放弃原来的职位,纷纷跳下水,想做他人的翻版,结果又不是经商的料,在商海中不是淹死就是衣服湿透透地爬上来,处于进退两难的尴尬境地。还有的人只看到别人成功时的荣耀和风光,看不到别人成功前的艰辛付出与泪水,总以为人家得来全不费工夫,有捷径可寻,运气好,殊不知人家是吃过常人无法忍受的痛苦的。

话说回来,人非圣贤,孰能无过,即使是圣贤,也可能犯错。每个人踏进社会,由于社会经验的不足,由于年幼无知,由于血气方刚好冲动的个性,做别人的翻版、迷失自我恐怕也在所难免,关键是要能迷途知返。

大气——笑而不答心自闲

那么怎样才能做到不迷失自我,不做他人的翻版呢?

第一,要知道自己真正喜欢什么。

如果你从事的工作是你所喜欢的,哪怕工资低点、待遇差的,都不要紧,那只是暂时的,相信靠自己的努力,经过日积月累,到时你所取得的成绩和荣耀一定会让你和周围的人感到吃惊的。

第二,要对自己有个比较清醒的认识和了解。

你要知道自己的长处和短处,尽量扬长避短,这样你就能相对容易成功些。

第三,不要轻易被外界所诱惑。

大千世界,诱惑太多,许多人抵挡不住诱惑,最后沦为官位、金钱、女色的奴隶,丧失了做人的尊严和生存的价值,十分可惜。如今世界金融危机,工作也不好找,能有一份工作就要倍加珍惜。要以高度的责任心和敬业精神把手头的事干好,套用海尔集团总裁张瑞敏的话:**"什么叫不简单?认认真真把每件简单的事做好就是不简单;什么叫不容易?认认真真把每件容易的事干好就是不容易。"**

世上名人很多,成功人士很多,但我们千万不要盲目崇拜他们,因为成功的路不可能重复,正如树上不可能有完全相同的两片树叶一样,每个人的气质、个性、阅历、学识、为人处世的方法都各有不同,这就决定了每个人所走的路不会是同一条。路要靠我们自己走,无论成功还是失败,都要我们勇敢去闯。

心灵悄悄话

人非圣贤,孰能无过,即使是圣贤,也可能犯错。每个人踏进社会,由于社会经验的不足,由于年幼无知,由于血气方刚好冲动的个性,做别人的翻版、迷失自我恐怕也在所难免,关键是要能迷途知返。

我的思想我做主

为人处世，多动脑想想，千万不要盲从。**盲从，简单地说，就是人云亦云、盲目从众，就是没有自己的判断与主见，而是盲目相信他人所传达的信息、所做出的决策。**

有一则笑话：一场多边国际贸易洽谈会正在一艘游船上进行，突然发生了意外事故，游船开始下沉。船长命令大副紧急安排各国谈判代表穿上救生衣离船，可是大副的劝说均遭失败。船长只得亲自出马，很快就让各国的商人都弃船而去，大副惊诧不已。

船长解释说："劝说其实很简单。我告诉英国人，跳水是有益健康的运动；告诉意大利人，不那样做是被禁止的；告诉德国人，那是命令；告诉法国人，那样做很时髦；告诉俄罗斯人，那是革命；告诉美国人，我已经给他上了保险；告诉中国人，你看大家都跳水了。"

这个笑话可能有些夸张，但某些中国人喜欢盲从的特点在现代生活中也不乏实例。

多年前，有人告诉大家"水可以变油"，让人听得神魂颠倒，感觉就像是天方夜谭。然而多少人信誓旦旦，连报纸杂志都在宣称：这是世界第八大奇迹！那时候，若你不知道或坚持认为水不可以变油的话，毫无疑问，你是多么孤陋寡闻，又是多么食古不化！

可是，还不到 10 年的时间，谜底终于揭晓：水，终究没有变成油。

那么，曾经坚信并骄傲于"中国人能够让水变成油"的我们，是不是就像《皇帝的新装》里那些盲从的市民？而那些伪科学、真愚昧，如果没有盲从，又如何能够推而广之？

安徒生的故事里这样说：愚蠢的皇帝在大街上赤裸身体走来走去的时

候,围观的人们还要献上貌似真诚的赞美——多么美丽的新衣啊!

盲从别人,必定失去自我。表面上看起来这只是个人的性格问题,其实盲从会令你的生活、事业套上无形的枷锁。因为,你早已失去了信心,失去了用自己的头脑思索问题并做出人生抉择的能力。

有一位落马的官员曾经这样说:在诱惑面前,我们自己本来可以做到目不斜视。可是当身边很多人都宁愿选择斜视的时候,你再两袖清风,就是不识时务了。如此,盲从的人大多心存侥幸,以为"法不责众"。然而事实上,只要有法,就总是需要有一只鸡被杀,来完成"儆猴"的历史使命。到头来,盲从者,力求自保,却恰恰沦落为一只儆猴的鸡。

我们在任何时候都要动脑子想想,拒绝盲从。如果不是哥白尼的执着与坚持,人们早已汇入名叫"日心说"的汪洋之中。一个早已深入人心的谬论,早已被大家认可。不一味地盲从,才能让我们拥有发现真理的眼睛,才能使我们不被大海的力量所制约。

盲从是盲目附和权威的力量。盲从是迷失自己内心的想法。不是只有权威才具有大海般宏大的力量,在每个人的心中都有一潭湖水,它一样可以与大海抗衡,只要我们不盲从。

可见盲从的危害很大,小则会使自己受到损失,甚至丢掉性命;大则会使国家衰败,甚至走向灭亡。

改革开放后,我们的国家敞开了大门。多彩的世界使我们眼花缭乱,应接不暇。摆在我们面前的有好有坏,这就要求我们仔细分辨,不能盲从,不能全盘地接收。遗憾的是,一些浅薄歌手盲目随从,使低俗歌曲充斥歌坛,有的人甚至使自己失去最本质的特色。同时,一些编剧也盲目迎合部分观众的心理,随意改编名著,使名著遭受到了莫大的亵渎。

盲从使得人们的精神世界遭到践踏,尤其是处于成长时期的青少年。为此,面对形形色色的世界,我们要擦亮眼睛,明辨是非,要坚持正确的方向,不要使自己置身于盲从之中却全然不知。

再看这样一个故事:

惠特森先生是六年级的科学常识老师。第一天上课,他讲授的是一种名叫"猫猬兽"的动物。他说这种动物因为不能适应环境的变化,所以在冰河时期便灭绝了。他一面侃侃而谈,一面让大家传看一个颅骨。大家都认真地做了笔记,然后是随堂测验。

当惠特森先生把测验卷子发下来的时候,同学们全都目瞪口呆,因为卷面上画着一个巨大的红叉,所有人都是零分。可大家是按照老师讲的内容回答的呀!这是怎么回事呢?

惠特森先生解释道:"事情很简单。关于猫猬兽的一切,都是我信口胡编的。这种动物从来就没有存在过。因此,你们记下来的全是错误的信息。难道你们根据错误的信息得出的错误答案,还应该得分不成?"

惠特森先生接着说:"你们本该早就识破我的把戏的。在传看猫猬兽的颅骨(实际上是猫的颅骨)时,我不是告诉你们这种动物没有留下任何能够证明其存在的证据吗?在描述这种动物的特征时,我故意说它的目光在夜间是如何敏锐,皮毛又是如何的光亮,等等,但这些都是我不可能知道的。我还给它起了个特别怪的名字,可是你们都深信不疑……"

他最后说:"记住,不要让自己的脑子睡大觉。"

这个生动的事例,给了我们一个启示,那就是不要迷信,更不能盲从;对任何事情,都要用自己的眼睛去看一看,用自己的头脑去想一想,相信自己的判断,这样才不会迷失自己。

心灵悄悄话

盲从别人,必定失去自我。表面上看起来这只是个人的性格问题,其实盲从会令你的生活、事业套上无形的枷锁。因为,你早已失去了信心,失去了用自己的头脑思索问题并做出人生抉择的能力。

大气——笑而不答心自闲

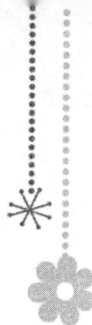

我的自信我做主

　　自信，就是对自身能力和价值的一种肯定，就是那种哪怕天下都没有人相信了，也坚信自己的愿望或理想一定能够实现的一种心理状态。现实生活中，自信是一个人成才或成功的重要条件，它可以帮助你在荆棘密布的人生路上逢山开路、遇水搭桥，始终胜不骄，败不馁，找到并发挥好自身的特点与优势。

　　所以，莎士比亚说："自信是成功的第一步。"爱默生说："自信是成功的第一秘诀。"可以设想，如果没有"长风破浪会有时，直挂云帆济沧海""天生我才必有用，千金散尽还复来""仰天大笑出门去，我辈岂是蓬蒿人"的自信，哪来一代诗仙李白？如果没有"给我一个支点，我就能够撬动地球"的自信，哪来一代科学大师阿基米德？

　　任何时候我们都需要有自信，自信甚至关乎一生的成败。我们都知道，小泽征尔因充满自信而摘取了世界指挥家大赛的桂冠，而本来稳操胜券的尼克松，在竞选中因缺乏自信而导致惨败。

　　曾有一位女歌手，她第一次登台演出时，内心十分紧张。想到自己马上就要上场，面对上千名观众，她的手心都在冒汗："要是在舞台上一紧张，忘了歌词怎么办？"越想，她心跳得越快，甚至产生了打退堂鼓的念头。

　　就在这时，一位前辈笑着走过来，随手将一个纸卷塞到她的手里，轻声说道："这里面写着你要唱的歌词，如果你在台上忘了词，就打开来看。"她握着这张纸条，像握着一根救命的稻草，匆匆上了台。也许有那个纸卷握在手心，她的心里踏实了许多。她在台上发挥得相当好，取得了成功。

　　她高兴地走下舞台，向那位前辈致谢。前辈却笑着说："是你自己战胜了自己，找回了自信。其实，我给你的，是一张白纸，上面根本没有写什么歌词！"她展开手心里的纸卷，果然上面什么也没写。她感到惊讶，自己凭着握着的一张白纸，竟顺利地渡过难关，获得演出的成功。

"你握住的这张白纸，并不是一张白纸，而是你的自信啊！"前辈说。

歌手拜谢了前辈。在以后的人生路上，她就是凭着握住的自信，战胜了一个又一个困难，取得了一次又一次成功。

所以说，拥有自信才能大气做人，才能洒脱做事。但是，**世事盈亏皆有数，常常过犹不及，就是俗话说的物极必反，真理向前多走一步便成谬误。**如果自信过了头，自信得找不着北了，自信到毫无根据地就认定自己最优秀、最正确，那就不是自信而是孤芳自赏了。而孤芳自赏不仅不能产生持续的自我激励力，帮助你战胜困难，实现目标，弄不好还会罩住你的心智，把你变成一个不受欢迎的人，给你在世上的行走带来麻烦。

曾有一个凄美的古希腊神话，记叙了一位英俊青年的爱情悲剧：一名叫厄索斯的青年，美丽得无与伦比，无数的女神来向他表露爱慕，连以风流著称的维纳斯都不可救药地迷恋上他。可是当他第一次从水面上看到自己映现的面容时，就疯狂地爱上了自己，难以自拔。就在他一再贴近水面观赏自己的影像时，终于坠入"爱河"——淹死在水里。

这个神话故事给我们启发很深。毋庸置疑，人人都应该爱自己，也应该凭借一些自恋让自己更加坚强，但是，自恋就像炒菜用的盐，少了淡而无味，多了便难以入口。拉·洛克福库德说过："自恋是比世界上最善于欺骗的人更加善于欺骗。"他又说："自恋是最伟大的谄媚者。"《韦伯斯特辞典》把自恋界定为第六种贪得无厌的情感。因此，千万别把自恋发挥到极致，那会成为一种病。

当代社会自恋的人很多，比如某网络红人曾说过这样一句话："比我漂亮的一定没有我聪明；比我聪明的一定都没有我漂亮；又聪明又漂亮的一定比我老。"这句话就有些过于自恋的意味了。

我们提倡自信，绝不要自恋。**自信不是魔鬼，但自恋绝对是杀手。**自信的人知道自己有多少斤两，也知道自己想要什么，追求什么；而自恋的人，心中却只有自己，被自己编织的美丽光环包围着，看不到自身的不足。一个人在任何时候，都不要唯我独尊，也不要唯我独存。我们首先意识到自己的不

大气——笑而不答心自闲

完美,然后爱不完美的自己,同时也要学会欣赏别人。健康的自我认知才是最重要的。

　　由此看来,自信与自恋,虽然只有一字之差,但内涵和结果却相去甚远。自信,是人不断进取的阶梯,它可以助推人走向成功;而自恋,却像皇帝的新衣,虚假、盲目,不知山外有山,天外有天。如果把握不好,妄自尊大、误入歧途、招人讨厌、一生不快乐都是有可能的。

心灵悄悄话

　　自信,就是对自身能力和价值的一种肯定,就是那种哪怕天下都没有人相信了,也坚信自己的愿望或理想一定能够实现的一种心理状态。现实生活中,自信是一个人成才或成功的重要条件,它可以帮助你在荆棘密布的人生路上逢山开路、遇水搭桥,始终胜不骄,败不馁,找到并发挥好自身的特点与优势。

在顺境、坦途面前能做到气定神闲、宠辱不惊，在逆境、挫折面前能做到超然豁达、淡定从容。这就是真正的大气之人。遇到不幸，大气之人并非没有痛苦，而是将痛苦转化为战胜不幸的力量；面对荣誉，大气之人并非没有欣喜，而是将欣喜转化为一种再接再厉的精神！无论处于顺境还是逆境，大气之人都能做到：泰然应对！

世上的每一个人，不管是叱咤风云的大人物，还是名不见经传的小人物，他们的所作所为，无一例外都会得到别人的评价。面对赞扬，喜不自胜；面对指责、嘲讽，气愤难平。这是大多数人的心态。

坦然面对一切不幸

　　坦然让我们的生活多了一份理智，坦然使我们自然有序地应对世间发生的一切不幸，坦然的人会用宽广的胸怀包容一切不幸。

　　人生活在世上免不了要经历磕磕绊绊，沟沟坎坎，甚至是大的挫折和不幸。所以，要想走好自己的人生路，就要大气一些，不光要憧憬和享受美好的东西，还要做好应对困难和挫折的准备。

　　首先要调整好自己的心态。**面对不幸，逃避不是办法，自怨自艾也不是良策，要学会坦然接受。**这句话说起来容易但做起来却很困难，因为不幸对当事人来说是血与火、痛与苦、伤与悲的折磨，如果没有一番痛苦的挣扎是绝对达不到大彻大悟的境界的。这就仿佛凤凰涅槃前的痛苦挣扎，一旦通过坚强的意志挺了过来，那生命就会得到重生，就会懂得：在不幸面前，首先应该做到的就是坦然。坦然是大气之人的常有心态。

　　已故的美国小说家塔金顿常说："我可以忍受一切变故，除了失明，我绝不能忍受失明。"可是在他60岁的某一天，当他看着地毯时，却发现地毯的颜色渐渐模糊，他看不出图案。他去看医生，得到了残酷的事实：他即将失明。有一只眼差不多全瞎了，另一只也如此，他最恐惧的事终于发生了。

　　塔金顿对这最大的灾难如何反应呢？他坦然接受了这个事实。完全失明后，塔金顿说："我现在已接受了这个事实，也可以面对任何状况。"

　　为了恢复视力，塔金顿在一年内得接受十二次以上的手术。只是采取局部麻醉！他会抗拒它吗？他了解这是必须的，无可逃避的，唯一能做的就是优雅地接受。他放弃了私人病房，而和大家一起住在大众病房，想办法让大家高兴一点。当他必须再次接受手术时，他提醒自己是何等幸运："多奇妙啊，科学已进步到连人眼如此精细的器官都能动手术了。"

175

一般人如果必须接受十二次以上的眼部手术,并忍受失明之苦,可能早就崩溃了。塔金顿却说:"我不愿用快乐的经验来替换这样的体会。"他因此学会了接受,并相信人生没有任何事会超过他的容忍力。如约翰·弥尔顿所说的,此次经验教导他"失明并不悲惨,无力容忍失明才是真正悲惨的"。

新英格兰的妇女运动名人格丽·富勒曾将一句话奉为真理,这句话是:**"我接受整个宇宙。"**是的,你我也最好能接受不可避免的事实。如果我们不接受命运的安排,也不能改变事实分毫,我们唯一能改变的,只有自己。关于这一点,台湾著名作家柏杨深有体会。

坦然是一种心态、一种境界、一种状态,是意志的表现和毅力的释放,是一种对人对事的心境,是一种放松和宽容的感觉,也应该是一种接受现实的积极态度,一种明白、通融、大度的处世态度。

坦然让我们的生活多了一份理智,坦然使我们自然有序地应对世间发生的一切不幸,坦然的人会用宽广的胸怀包容一切不幸。

坦然是面对人生中不幸的最好办法。人生在世,不可能事事成功,也不可能事事顺利,当人生被阴霾笼罩的时候,不要过分悲伤,总会有天晴的时候。我们不论做什么,不妨坦然一些,成也自在,失也坦然。重要的是我们要保持一个清醒的头脑,按照正确的路途走下去,生活的美好一定是属于我们的。

现如今,快节奏、高压力的生活让很多人感到日子难过,身心疲惫,有一种不堪重负的感觉。大部分人都抱怨自己的生活过得好辛苦,而且这种抱怨的声势在不断上涨。难道真是生活亏待了我们? 其实,当你口出怨言,埋怨苦日子折磨人时,不妨仔细想想,在你认为难过的日子当中,你认真生活过吗?

生活就像是一面镜子,它能真切地反射出我们对待人生的态度。如果我们一味地抱怨,生活回馈给我们的只能是无尽的痛苦和惆怅,而假如放开心态,看淡得失,大气处之,认真度过每一天,那么,苦日子也会变得很甜,难过的日子也会有很多快乐。

一个很优秀的男生喜欢上了一个细致朴素的女孩——一个大学三年级的穷学生,但同时他也喜欢另一个家境很好的女生。在他眼里,她们两个都很优秀,也都很爱他。他为选择自己的另一半很犯难。一次,他到那个很穷

大气——笑而不答心自闲

的女孩家玩。当走到她虽简陋但很干净的房间时,男孩被窗台上的那瓶花吸引住了——在一个普通水杯里插满了田间野花,看得出,这花得到了女主人的细心照顾,生长得格外好。

男孩被眼前的情景感动了,就在那一刻,他决定了谁将是他的新娘,那便是摆水杯花瓶的那个女孩。促使他下这个决心的理由很简单,那个女孩子虽然穷,却是个热爱生活、认真生活的人。所以他相信将来无论他们遇到什么困难,她都不会对生活失去信心。

男孩子的选择无疑是明智的,在苦日子下,仍然会侍弄田间野花的人,肯定对生活充满着无限的热爱,对生活中的艰难险阻始终保持着积极乐观的心态。这样的人永远不会被幸福抛弃,这样的人就是能把苦日子过甜的人。

有一个女人是个普通的职员,生活简单而平淡,她最常说的一句话就是:"如果我将来有了钱啊……"同事们以为她一定会说买房子买车,她的回答却令人们大吃一惊:"我就每天买一束鲜花回家!""你现在买不起吗?"同事们笑着问。"当然不是,只不过对于我目前的收入来说有些奢侈。"她也微笑着回答。

一日,她在车站旁看见,一个卖鲜花的乡下人身边的塑料桶里放着好几把康乃馨,她不由得停了下来。这些花估计是乡下人批来的,没有门面,一定很便宜,上前一问,果然如此,一把才 5 元钱,如果是在花店,起码要 15 元!于是她毫不犹豫地掏钱买了一把。

她兴奋地把康乃馨捧回了家,在她的精心呵护下这束花开了长达一个月之久。每隔两三天,她就为花换一次水,再放一粒维生素 C,据说这样可以让鲜花开放的时间更长一些。每当她和孩子一起做这一切的时候,都觉得特别开心。

最快乐的人拥有的东西并不是都是最好的,他们只是充分利用了自己已有的东西,用认真的态度去生活而已。

别放弃对美好生活的追求,你就不会被幸福抛弃。

我们对待世界的态度决定着我们的所得。处在凄苦的意识中看生活,看困难,看挫折,看问题,往往没有出路。这就是生活越来越好,而采用极端的做法逃避生活的人越来越多的原因。我们为什么不能换一种态度来观察生活,用大气的姿态去迎接生活中的各种挑战,接受人生严峻的考验,拨开人生的荆棘,收获人生的美好呢?

心灵悄悄话

人生活在世上免不了要经历磕磕绊绊,沟沟坎坎,甚至是大的挫折和不幸。所以,要想走好自己的人生路,就要大气一些,不光要憧憬和享受美好的东西,还要做好应对困难和挫折的准备。

大气——笑而不答心自闲

拍拍身上的灰尘

生活与工作本身就是一种承担和责任,是绝不轻松的,如果再额外加上不必要的精神负担,日子就很难过了。 所以,放下一些不必要的东西,轻装上阵,那样你的步伐才会轻松、轻快。

有这样一个故事。一个流浪汉在看不见尽头的路上长途跋涉,他背着一大袋沉重的沙子,身上缠着一根装满水的粗管子。他右手托着一块奇形怪状的石头,左手拿着一块岩石,脖子上用一根旧绳子吊着一块大磨盘,脚腕上系着一条生锈的铁链,铁链上拴着大铁球。他头上顶着一个已腐烂发臭的大南瓜。这个流浪汉一步一挪地吃力地走着,每走一步,脚上的铁链就发出哗哗的响声。他呻吟着,他抱怨他的命运如此艰难,他抱怨疲倦在不停地折磨着他。

正当他在炎炎烈日下艰难地行走时,迎面来了一位农夫。农夫问:"疲倦的流浪人,为什么不将手里的石头扔掉呢?"

"我真蠢,"流浪汉明白了,"我以前怎么没想到呢?"他甩掉了石头,觉得轻了许多。

不久,他在路上又遇到一位农夫。农夫问他:"告诉我,疲倦的流浪汉,你为什么不把头上的烂南瓜扔了呢? 你为什么要拖着那么重的铁链子呢?"

流浪汉答道:"我很高兴你能给我指出来。我没认识到我在做什么事。"他解开脚上的铁链子,把头上的烂南瓜扔到路边,他又觉得轻了许多。但随着他继续往前走,他又感到了步履的艰难。

又有一位农夫从田里走来,见到流浪汉十分惊异:"你扛了一口袋沙子,可一路上有的是矿石;你带了一根大水管,好像要去穿越卡维尔大沙漠,可你瞧,路旁就有一条清亮的小溪,它已伴随着你走了很长一段了。"听到这些话,流浪汉又解下了大水管,倒掉了里面已经变了味的水。然后把口袋里的

179

沙子倒进一个洞里。他站在路上，看着落日沉思。落日的余晖映照在他身上。突然他看到了脖子上挂着的磨盘，意识到正是这东西使他不能直起腰来走路。于是他解下磨盘，把它远远地扔进河里。他卸掉了所有的负担，感受到一种从未有过的轻松畅快。

阅读这个故事的时候，读者可能会有这样一种感觉，随着这位流浪汉把身边的沉重的、不必要的东西一件件扔掉，我们也随着他轻松起来。这个故事虽然略显荒唐，但其中的寓意却需要我们好好琢磨一下：我们身上是否也存在着类似他的问题呢？**检查一下我们自己的行囊，看看里面是不是有很多不必要的东西？** 是不是就是这些东西让我们感觉到疲累，让我们离成功越来越远？

在现实生活中，有人觉得压力大、烦恼多、不愉快，这正表明他什么都放不开，事事都要挂心上，结果人在无形之中就变得小气了，背上了许多不必要的包袱，这样一来，生活和工作就倍觉辛劳无趣。比如，很多时候我们都会陷于别人给我们的评论之中；别人的语气、眼神、手势……都可能搅扰我们的心，使我们感觉活得很烦、很累。下面故事中的小和尚就遇到了这样的问题。

从前，有一位小和尚，有一段时间非常苦恼沮丧。禅师问他原因，他回答："东街的大伯称我为大师；西巷的大婶骂我是秃驴；张家的阿哥赞我清心寡欲，四大皆空；李家的小姐却指责我色胆包天，凡心未了。究竟我算什么呢？"禅师笑而不语，指指身边的一块石头，又拿起面前的一盆花。小和尚恍然大悟，多日的烦恼一扫而光，心情顿时变得轻松畅快。

其实，禅师的笑而不语，暗示生命的本义：石块就是石块。花朵就是花朵。自己就是自己。为什么要为别人的评论苦恼呢？要知道，嘴长在别人身上，你若想要别人在你背后闭嘴不谈论你，这是不可能的。所以，当别人对你的所作所为飞短流长时，最好的方法就是抱着"有则改之，无则加勉"的心态。

如果你没有做错事，那么就挺起胸膛，勇敢地面对众人挑剔的目光吧。相信一句老话："时间能证明一切。"你的所作所为终究会代替先前的传言，

从而在别人心中塑造出你真正的形象。

生活中，很多人之所以能找到几条甚至几十条烦恼的理由，就是因为他们将一些烦恼小事无限放大，一一压在自己心上的结果。日久天长，心脏不能承受这些重压，就会感觉很疲惫，前进的脚步也就变得沉重、拖沓了许多。

其实，生活与工作本身就是一种承担和责任，是绝不轻松的，如果再额外加上不必要的精神负担，日子就很难过了。所以，放下一些不必要的东西，轻装上阵，那样你的步伐才会轻松、轻快。

心灵悄悄话

石块就是石块。花朵就是花朵。自己就是自己。为什么要为别人的评论苦恼呢？要知道，嘴长在别人身上，你若想要别人在你背后闭嘴不谈论你，这是不可能的。所以，当别人对你的所作所为飞短流长时，最好的方法就是抱着"有则改之，无则加勉"的心态。

心态超然身亦然

人心有多大,舞台就有多大。为了别人的或褒或贬的意见而或喜或悲,总是被别人牵着鼻子走,还有时间和精力去干大事吗? 所以,**做人还是应该心胸开阔一些、大气一些,面对毁誉,视风过耳。**

世上的每一个人,不管是叱咤风云的大人物,还是名不见经传的小人物,他们的所作所为,无一例外都会得到别人的评价。面对赞扬,喜不自胜;面对指责、嘲讽,气愤难平。这是大多数人的心态。但是心怀大气的人却不会被外界的评价所左右:既不会为别人的夸奖吹捧而得意忘形,也不会因别人的恶意诽谤而耿耿于怀、伺机报复,面对毁誉,他们更多的是一笑了之。

宋朝的吕蒙正,被皇帝任命为副相。第一次上朝时,人群里突然有人大声讥讽道:"这种模样的人,也可以入朝为相啊?"可吕蒙正却像没有听见一样,继续往前走。跟随在他身后的几个官员却为他鸣起不平来,纷纷拉住他的衣角,一定要帮他查出究竟是谁敢如此大胆,在朝堂上讥讽刚上任的宰相。吕蒙正却推开众人说:"谢谢你们的好意。我为何一定要知道是谁在背后说那些不中听的话呢? 如果一旦知道了是谁,那么一生都会放不下的,以后还怎么处理朝中的事?"

吕蒙正的心胸由此可见一斑。在大气的人眼里,别人无关痛痒的负面评价绝不会挂在心上,他们所关心的是如何干好自己的正事。

当年美国工程师查尔斯要建巴拿马运河时,人们对于他这个壮举,议论纷纷,毁誉不一,有人夸奖他勇敢坚毅,也有人骂他异想天开。但是他对这些毁誉一概置之不理,只管自己埋头苦干。有人问他对于那些批评有什么感想,他回答得十分适当,他说:"目前还是做我的工作要紧! 关于那些批

大气——笑而不答心自闲

评，日后运河自会答复他们的。"

后来运河如期完成，一时又是议论鼎沸，但现在却是众口一词地争相夸奖他了。他自己怎么样呢？到播音室去致答谢辞吗？写一篇文章去向从前攻击他的人做一有力的反击吗？或者站在第一艘通过水闸的船上，接受欢呼吗？

当第一艘船由大西洋通过运河至太平洋时，有一位前来参加揭幕典礼的英国外交官，也乘坐在船内。事后，他在给朋友的信中这样说道："查尔斯先生并没有搭乘这艘船，他只是在运河北岸看着我们的船开过。后来，我们又在河岸上看见他穿着衬衫站在水闸上，正在观察开关水闸的机器。船开过之时，有一个人对他三呼万岁，但不等他喊到第二声，查尔斯先生已经径自走开了！"

从他身上，我们可以看出：一个心存大气、专做大事的人，对毁誉是何等的淡漠！他们在乎的是如何能实现自己的价值，如何为社会、为人类做出自己的贡献。查尔斯并不希冀人家对他的欢呼。他已经把全部的精神，贯注在他的工程上了。只要工程完成，他就如愿以偿了。因此，他所说的"运河自会答复他们"，既非自夸，更非自卑，完全是确实的话。

现实生活中，如果能做到超然面对一切，才能坚守住自己的精神家园，不被污浊的空气所感染，进而才能执着专注地追求自己的人生目标，让人性回归到本真状态，从而获得心灵的纯洁、充实与自由……

在所有的处世原则中，淡泊对人生是极有益处的。有了淡泊之心，我们才能用一种超然的心态对待眼前的一切，不以物喜，不以己悲。

古往今来，能够做到淡泊，并将其作为自己一生操守的人不胜枚举。他们正是因为有了这种精神，才成就了一番惊天动地的丰功伟业，才被世人及后人所称道。

吴隐之，字处默，濮阳郡鄄城县人。年轻时就孤高独立、操守清廉。他入仕几十年，诸多将相公卿仿佛走马灯一般起落浮沉，来去匆匆，连皇帝也换了好几个，"一朝天子一朝臣，上上下下乱纷纷"，而他则一直身居要职，并且步步高升。许多人认为他是吉星高照，官运亨通，其实很重要的一点就是因为面对名利，他能超然处之。

在晋隆安之年，朝廷选任吴隐之为龙骧将军、广州刺史。魏晋时代的广州，治所在番禺，辖境相当于现在两广的绝大部分地区。北有五岭，南临大海，山清水秀，佳果终年不绝，所产南珠等各种珍宝更是驰名中外。吴隐之携家小、部属，赴广州上任，一路跋山涉水，风餐露宿。当他们抵达离广州20里的石门时，发现激石远处有一泓泉水，据当地人说凡是饮过此泉水的人，无不陡起贪念，故名之曰"贪泉"。

贪泉臭名昭著，无人不知，当地居民又添油加醋，说是只要口沾一滴贪泉水，就会立即燃起万丈贪欲之火，连六根清净的世外高僧，不食人间烟火的仙道也概莫能外。路人传言，神乎其神，自命清高的过客避之犹恐不及，生怕玷污了自己的清名；利欲熏心之徒也假装正人君子，一提起贪泉便掩耳捂鼻；一般人都认为岭南贪污成风，"风"源便是贪泉。

吴隐之不信邪，他说："不见可欲，使心不乱。岭南官吏丧失清操的真正原因，我已经知道了。"于是，他走到贪泉旁边，俯身舀起一杯泉水，仿佛酌饮美酒一样喝下肚去。喝完咂咂嘴，除了甘甜可口之外，也没有什么异样的感觉。

吴隐之微微一笑，当即赋诗曰："古人云此水，一歃怀千金。试使夷齐饮，终当不易心。"全诗大意是："古人说这泉水，只要一口沾唇也会顿生贪念，要得千金。假如伯夷叔齐来到这里，不管怎样大饮特饮，他们那清廉之心，也绝不会改变一分一毫！"吴隐之一语道破了他酌饮贪泉，不渝清操的真谛：人贪与不贪，不在于有没有喝过"贪泉水"，而在于自己的思想品质和道德情操。

果然，虽然饮了"贪泉水"，吴隐之在广州任职期间仍旧是一尘不染，更加清廉。虽然广州物产丰富，可他平常吃的不过是些蔬菜和干鱼，帷帐、用具、衣服等都十分朴素。当时有些人还以为他是故意装装样子，以显示自己的俭朴。不过时间一长，才知道他真是个清官，不是故作姿态。由于他以身作则，广州地区的贪污陋习也大为改观。朝廷对他多次嘉奖，进号为前将军。

吴隐之屡屡受到朝廷的褒奖和赏赐，直至逝世。廉洁的士大夫无不以此为荣。吴隐之更用自己的廉洁奉公换来了世人的尊敬。

"太行推而不瞬，盛夏流金而不炎"。**任你诱惑无限，我自岿然不动，这**

大气——笑而不答心自闲

就是大气之人在面对金钱名利等诱惑之时的态度。正因为他们能超然面对这一切,才坚守住了自己的精神家园,不被污浊的空气所感染,进而才能执着专注地追求自己的人生目标,让人性回归到本真状态,从而获得心灵的纯洁、充实与自由⋯⋯

心灵悄悄话

　　世上每一个人的所作所为,无一例外都会得到别人的评价。面对赞扬,喜不自胜;面对指责、嘲讽,气愤难平。这是大多数人的心态。但是心怀大气的人都不会被外界的评价所左右,他们更多的是视风过耳,一笑了之。

不以物喜，不以己悲

在我们未来的人生旅途中，总会发生许许多多的变化，大气的人都会用积极的心态应对这些变化，把眼光放长远，从容淡定地应对人生的沉浮。只有这样，生活之舟才不会偏移既定的航向。

天有不测风云，人有旦夕祸福，生命之舟始终沉浮不定，我们应该做的就是，大气一些，眼光长远一些，从容淡定一些，使自己的每一天都过得开心愉快。

很久以前，有一个屡屡失意的年轻人来到寺院，慕名拜访老僧释圆大师。"人生总不如意，苟且活着，有什么意思？"年轻人沮丧地对释圆大师说道。

释圆大师静静听着年轻人的叹息，随后吩咐小和尚说："这位施主远道而来，烧一壶温水送过来。"过了一会儿，小和尚送来了温水，释圆大师抓了把茶叶放进杯子，然后用温水沏了，微笑着请年轻人喝茶。

杯子冒出微微的水汽，茶叶静静地浮着，年轻人不解地询问："宝刹怎么用温水泡茶？"释圆大师笑而不语。年轻人喝了一口细品，不由摇摇头："一点茶香都没有。"释圆大师说："这可是名茶铁观音啊。"年轻人又端起杯子品尝，然后肯定地说："真的没有一点茶香。"

释圆大师又吩咐小和尚说："再去烧一壶沸水送过来。"不一会儿，小和尚便提着一壶沸水进来。释圆大师起身，又取过一个杯子，放茶叶，倒沸水，再放在茶几上，年轻人俯首看去，茶叶在杯子里上下沉浮，丝丝清香不绝如缕，望而生津。年轻人欲去端杯，释圆大师作势挡开，又提起水壶注入一线沸水，茶叶翻腾得厉害了，一缕更醇厚更醉人的茶香袅袅升腾，释圆大师如是注了五次水，杯子终于满了，这时绿绿的一杯茶水端上来，清香扑鼻，入口沁人心脾。

大气——笑而不答心自闲

释圆大师笑着问："施主可知道，同是铁观音，为什么茶味迥异？"年轻人思忖着说："一杯用温水，一杯用沸水，冲泡的水不同。"释圆大师点头："用水不同，则茶叶的沉浮就不一样。温水泡茶，茶叶轻浮水上，怎会散发清香？沸水泡茶，反复几次，茶叶沉沉浮浮，最终释放出四季的风韵：既有春的幽静、夏的炽热，又有秋的丰盈、冬的清冽。世间芸芸众生，又何尝不是沉浮的茶叶？那些不经风雨的人，就像温水泡的茶叶，只在生活表面漂浮，根本浸泡不出生命的芳香；而那些栉风沐雨的人，如被沸水冲泡的酽茶，在沧桑岁月里几度沉浮，才有那沁人的清香啊！"

年轻人若有所思，惭愧不已。

浮生若茶，我们何尝不是一撮生命的清茶？命运又何尝不是一壶温水或炽热的沸水？茶叶因为沉浮才释放了本身的清香，而生命也只有遭遇一次次挫折和坎坷，才激发出人生那一缕缕幽香！

在我们未来的人生旅途中，总会发生许许多多的变化，大气的人都会用积极的心态应对这些变化，在变迁中体验人生，不断地改变自己的生活目标，调节生活内容，主动去适应每一次沉浮变幻，去把握住未来生活的方向。

人不要为宠辱得失所动，不要过多地去想自己面对的得失，而应该要把眼光往远处看，更注重做该做必做的事。人总是要往前走的，只有做好当下该做必做的事情，才能往前走。

人生无常，世事难料。面对人生的变化起伏、得失荣辱，不要乍喜乍悲，要沉得住气。

沉得住气的人，才是能做大事的人。不过，人有时候就是沉不住气。危机出现的时候容易沉不住气；事情太顺了，也容易沉不住气。人一旦沉不住气，很有可能会坏事。

晚清的王有龄在仕途颇顺时，就因沉不住气差点犯了错误，幸得胡雪岩的提醒，才没有落入他人的圈套。

王有龄在胡雪岩的帮助下，进京捐官成功。由于有他人的保荐，回到杭州很快就得到了海运局坐办的实缺，在胡雪岩的全力帮助下，他圆满解决了漕米解运的麻烦，因而在杭州得到了能员的美称。借着这件事情，他又当上了湖州知府。湖州为有名的生丝产地，丰饶富庶，是一个令许多人垂涎的地方。这可以说是一个难得的美差。不仅如此，他还同时得到了兼领浙江海运局坐办的许可。一切如意，王有龄的仕途之路实在是太顺利了。

这让王有龄自己都不敢相信，他对胡雪岩说："一年工夫不到，实在想不到有今日局面。"倒是胡雪岩大气得多，他对王有龄说："千万要沉住气。今日之果，昨日之因，莫想过去，只看将来。今日之下如何，不要去管它，你只想着我今天做了些什么，该做些什么就是了。"

胡雪岩的这番话，不外乎是说人不要为宠辱得失所动，不要过多地去想自己面对的得失，而应该要把眼光往远处看，更注重做该做必做的事。一番警醒王有龄的话，道出了一个人生哲理——人确实要有一点不为宠辱所动、不被得失所拘的大气。**一时的得失荣辱虽并不能都轻轻松松全看作过眼烟云，但比较而言，已有的荣辱得失无论如何比不上该做必做的事情重要。**人总是要往前走的，只有做好当下该做必做的事情，才能往前走。再说，一时的荣辱得失，其所得所有，必有它该得该有的缘由。俗话说："没有无由的福祉，也没有无由的灾祸。"所谓"今日之果，昨日之因"，即如王有龄的"运气"，其实也是他与胡雪岩的一系列努力"做"出来的。从这一角度看，也就没有必要去为这得或失去犯"嘀咕"了。

对于在人生舞台上博弈的人来说，应该明白"今日之果，昨日之因"的道理，而不要为一时一地的得失所拘。要有一事当前沉得住气的大气，这种心态是一切有所作为者所必需的。

胡雪岩时时告诫王有龄官场上做事要沉得住气，使得他不为同僚所愿，仕途顺利；在自己的生意场上，胡雪岩也是以此作为戒条严格遵守。

阜康挤兑风潮波及杭州时，他在杭州主事的太太被突如其来的灾难"震"得不知所措。就在这时，胡雪岩回到杭州。他来到钱庄的时候，正遇店里开饭，他居然还有一份"闲情逸致"去看伙计们的饭桌。见伙计们的饭桌上只有几个平常的菜，他居然还有心思嘱咐钱庄"大伙"谢云清，说是天气冷了，该用火锅了。他要谢云清把冬至以后才用火锅的规矩改一改，照外国人的办法，以气温的变化做标准，冬天寒暑表多少度吃火锅，夏天寒暑表多少度吃西瓜。虽然这种关心店员生活的情形以前也有，但在面临破产倒闭的

大气——笑而不答心自闲

关头还能如此沉得住气，连那些伙计们都感到十分惊异。

胡雪岩能够如此沉得住气，就在于他能够将得失丢开的大气。他知道事业不是他一人创下的，出现现在的局面，当然也不是他一个人的过失，今日之果得自昨日之因，这个时候陷于得失之中不能自拔，不仅于事无补，甚至更加坏事。他告诉自己，不必怨任何人，甚至连自己都不必怨，只想现在该做什么、怎么做，这才是至关重要的。事实上，由于他沉得住气，冷静对待，他在危机来到时选择的措施手段，大体都还是有效的，比如他那使伙计们惊异的"看饭桌"，对于稳定军心就起到了很好的作用。只是客观情势已经不允许他能够起死回生，再好的手段也只能维持一时，而无法从根本上解决问题了。

人生在世，要生存发展，当然不能不计得失，但许多时候，特别是危机出现的时候，如果为眼前得失所拘，斤斤计较不能自拔，就很可能陷于一种迷乱之中，对于眼前该做必做的事情都看不清了。所以，无论面对什么情况，面临何得何失，都千万要沉住气，并使它成为习惯。

心灵悄悄话

在我们未来的人生旅途中，总会发生许许多多的变化，大气的人都会用积极的心态应对这些变化，在变迁中体验人生，不断地改变自己的生活目标，调节生活内容，主动去适应每一次沉浮变幻，去把握住未来生活的方向。

豁达大度面对多变时代

在这个多变的时代,面对变化无法适应、无从下手,那你是注定要被淘汰的。**面对新的变化,我们不能坐等环境适应我们。现在社会复杂多变,必须用自己的大气、豁达去包容一切,面对一切。**

人的一生会经历很多变化,这些变化有的带给我们惊喜,有的则是始料未及的伤害。在面对突如其来的伤害时,我们应该如何应对? 是手足无措、消极逃避,还是坦然接受,泰然处之? 无疑应是后者。这是一种大气的做法,是很多人心胸豁达之后做出的选择。

克里斯朵夫·李维因主演美国大片《超人》而蜚声国际影坛。然而,他在一场激烈的马术比赛中不幸坠马,成了高位截瘫者。这表明他从此要告别他的演艺事业,成为一个需要有人照顾的残疾人。他能承受如此沉重的打击吗? 果然,他从昏迷中苏醒过来后,对家人说的第一句话是:"让我早点解脱吧。"他对这个世界绝望了。

出院后,为了让他散散心,舒缓肉体和精神上的伤痛,妻子常常用轮椅推着他外出旅行。

有一次,汽车穿行在蜿蜒崎岖的盘山公路上,克里斯朵夫·李维静静地望着窗外,他发现,当车子即将行驶到无路的时候,路边都会出现一块交通指示牌:"前面转弯!"或"注意! 急转弯!"而转弯之后,前方又是豁然开朗的道路。山路弯弯,峰回路转,"前面转弯"几个大字一次次冲击着他的眼球。他恍然大悟,心胸豁然开朗:原来,自己的人生之路不是已到尽头,而是该转弯了。他异常兴奋,对着妻子大喊:"我要回去,我还有路要走。"

从此,他以轮椅代步,当起了导演。他首次执导的影片就获得了金球奖。他用牙咬着笔,开始艰辛的写作。他的第一部书《依然是我》一问世,就进入了畅销排行榜。同时,他创立了一所瘫痪病人教育资源中心,并且四处

大气——笑而不答心自闲

奔走为残疾人的福利事业筹款。

美国《时代周刊》曾以《十年来,他依然是超人》为题报道了克里斯朵夫·李维的事迹。李维在文章中回顾他的心路历程时说:"原来,不幸降临时,并不是路已到尽头,而是在提醒你该转弯了。"

一次旅行经历改变了克里斯朵夫·李维面对生活的态度,简单的几个字"前面转弯"打开了他的心胸,让他变得大气起来,面对人生,他变得豁达起来,他用积极的行动告诉世人他仍然是超人。

人的一生中难免会遇到或大或小的挫折与不幸,我们要学会用包容去面对困境,用豁达去理解困境,当路已到尽头或自觉无路可走时,我们要想到是否要考虑转弯了。包容人生中的困境,尽自己的能力去一步一个脚印地完成工作,我们就会像克里斯朵夫·李维一样成为有作为的人。成功的路其实就在自己不断前往的脚下。

未来有不可知的变数,面对新的,不可预知的变化,我们必须学会适应变化了的环境,而不能坐等环境适应我们。必须用自己的大气、豁达去包容一切,面对一切。一个新的环境也许还会让我们有一个新的心情。

畅销一时的《谁动了我的奶酪》就是讲面对变化的故事。书中有4个"人物"——两只小老鼠嗅嗅、匆匆和两个小矮人哼哼、唧唧。他们生活在一个迷宫里,奶酪是他们要追寻的东西。有一天,他们同时发现了一个储量丰富的奶酪仓库,便在其周围构筑起自己的幸福生活。原本以为生活从此无忧时,情况发生了变化。一天,奶酪突然不见了!

面对这个不幸的状况,小老鼠嗅嗅、匆匆立刻穿上始终挂在脖子上的鞋子,开始出去再寻找,并很快就找到了更新鲜更丰富的奶酪;但是两个小矮人哼哼和唧唧面对这一不幸的变故,却犹豫不决,烦恼丛生,始终固守在已经消失的美好幻觉之中,无法接受这样的残酷现实……

故事中的小老鼠在情况发生变化时,能够用豁达的心胸去面对,最终又找到了新的奶酪,而那两个小矮人面对变化却选择消沉。仔细想想,书中的小矮人不正是我们很多人的缩影吗?

这个故事告诉我们:只有敏锐地注视着局面的细微变化发展,未雨绸缪,主动做好知识积累、技能积累、身体和精神积累,我们才能应对自如地去面对发生的变化。

面对变化,我们如果能用豁达的心态去包容,也许就能激发我们积极地去适应。每个人都有着潜在的能力,工作的变动在主观上能促使你更好地发挥自己的能力。相信自己,别人能做到的事,你也一定能做到。勇敢地闯一下,我们就会闯出一片属于自己的艳阳天!

心灵悄悄话

人的一生会经历很多变化,这些变化有的带给我们惊喜,有的则是始料未及的伤害。在面对突如其来的伤害时,我们应该如何应对? 是手足无措、消极逃避,还是坦然接受,泰然处之? 无疑应是后者。这是一种大气的做法,是很多人心胸豁达之后做出的选择。

大气——笑而不答心自闲

换个角度看问题

　　当生活面临不如意的状况时,如果我们能换个角度去看问题,抛开成见,换个思路,再加上付出足够的时间和精力将想法付诸行动,那我们就一定能拥有不一样的人生。

　　当我们用尽全力去摆脱不如意的生活状况,可情况却没有丝毫好转。这时,就要冷静思考一下,是不是做事方式出现了问题,如果换种方式,变通方法,情况是不是就会有很大的改观? 看看下面这个例子,也许对你会有所启发。

　　一只麻雀,无意间从一扇开着的窗户飞进了屋里,发现情况不妙,便急切地想飞回到外面广阔的天地中,于是它用尽力气,朝着明亮的镜子撞去,结果却被撞晕了。麻雀并不甘心,它一次又一次地飞向镜子,结果一次又一次地"碰壁而回",最后直累得连抖动翅膀的力气都没有了。其实,窗户仍是开着的,门也开着,只不过那边看起来没有这边明亮。只要麻雀转一下身,改变一下飞行的线路,就可以轻松获得自由。麻雀不知变通的思维方式让它陷于困境不能解脱。

　　有一个年轻的画家靠卖画为生,但他画出的画总是很难卖出去。一次偶然的机会,他经人介绍认识了一位禅师。

　　禅师看画家整日愁眉苦脸,就问他遇到了什么难事。

　　苦闷的画家就向禅师倾倒了满腔的苦水:"我画一幅画往往只用一天不到的时间,可为什么卖掉它却要等上整整一年?"

　　禅师沉思了一下,对他说:"请倒过来试试。"

　　年轻人不解地问:"倒过来?"

　　禅师说:"对,倒过来! 你花一年的工夫去作画,然后用一天工夫卖掉它。"

"一年才画一幅,这有多慢啊!"年轻人惊讶地叫出声来。

禅师严肃地说:"对!创作是艰辛的劳动,没有捷径可走!试试吧,年轻人!"

青年画家接受了禅师的忠告,回去以后,苦练基本功,深入搜索素材,周密构思,用了近一年的工夫画了一幅画。

结果,这幅画不到一天就被卖掉了,而且,卖这一幅画所得的收入是他前三年所卖画收入的总和;这个年轻的画家也一举成名。

生活不如意,几经辗转仍然没有多大的改变,这就说明做事方式有可能出现了问题。如果真是这个原因,就要及时调整,不要再做无谓的努力。百折不挠的精神固然可敬,但如果前方的道路是一片陡峭的山壁,没有可以攀援的路径,即使望得见目标,我们也只好换个方向绕道而行。**没有直路可走的时候,懂得兜圈子、绕道而行的人,往往也会是第一个登上山峰的人。**

住在美国弗吉尼亚州的一个农夫,出巨资买下了一片农场之后突然发现,这块地既不能种水果,也不能养猪,这里能够生长的只有树和响尾蛇。

他非常后悔,日思夜想,怎样才能把损失降到最低。最终他想到了一个好主意,要把这块地的价值利用起来,那些响尾蛇是关键。他开始做起响尾蛇生意。

几年后,他的生意已经做得非常大了,每年到他的农场来参观的人多达几万。他从所养的响尾蛇身上取出蛇毒,运送到各大药厂去做蛇毒的血清;把响尾蛇的皮以很高的价钱卖给厂商去做鞋和皮包;把响尾蛇的肉做成蛇肉罐头进行销售。由于他独到的眼光和天才的贡献,他所在的村子现在已经改名为"响尾蛇村"。

这个农夫花巨资却买了一块不宜当果园、猎场的薄地,这对他的打击可谓不小。可是他没有被一时的不景气所困,想方设法地转换方向,寻找出路,终于获得了成功。当我们在投资一笔大生意上惨遭失败,在我们欲罢不能、无力回天时,是否想到换个方向来为自己找条能让企业焕发生机的出路呢?

法国作家勒农说:"我们所走的路是一条盘旋曲折的山路,要拐许多弯,

大气——笑而不答心自闲

兜许多圈子，时常我们觉得好似背向目标，其实，我们总是越来越接近目标。"只要我们心中有大方向，多走些弯路，多兜几个圈子，也许反而会更接近目标。

心灵悄悄话

为了达到目标，暂时绕道走一走看起来与理想相悖的路，这是大气的表现。当然，大气为之，并不是逞匹夫之勇，而是运用我们的智慧和耐心，换个思路，换条路。

第八篇　大气人生之情怀

真正的勇士敢于直面惨淡的人生,靠的不仅仅是勇气,更多的是内心的泰然和大气。这样的人能够处变不惊,对于突如其来的灾祸,能够冷静面对,冷静处之。在他们眼中,更多的是从容,是生活的快乐!

大凡成功的人,都经历过为人所不知的折磨,他们展现给别人的永远是成功的一面,可是他们的成功绝非偶然,鲜花和掌声是由无数的汗水和鲜血堆积而成的。

生命遭遇不幸,这是来自上天的考验。不屈服命运的人,则会在这残酷的变故中变得坚强,变得大气,变得豁达。

人生没有过不去的坎儿

人生其实就像一条河,在流动的过程中,受到几枚石子的阻击,是很正常的事情,你只要大度地笑笑,就可以泛起几朵水花,绕几个旋涡,继续流向远方。

任何挫折只不过是河水在流动中遇到的几枚小石子,别说是石子,纵是一座高山,水流也能从山脚下闯出一条路来。

任何坎坷的存在都不意味着世界末日的到来。挫折并不可怕,可怕的是你没有信心和勇气去战胜它!

俄国著名作家奥斯特洛夫斯基曾经说过:**"人的生命似洪水奔流,不遇着岛屿和暗礁,难以激起美丽的浪花。"**

辽阔苍穹中飞翔的老鹰,必是经历了被母鹰无数次摔下山崖的痛苦,才炼就一双凌空的翅膀。一颗璀璨无比的珍珠,必然经受过蚌的肉体无数次打磨,才能熠熠生辉。

马棚里养不出千里马,温室里的幼苗经不起风吹雨打。同样,一帆风顺的人生不是完整的人生;坎坷是成功人生的基础,是每个人都应该做好准备去面对、去跨越的。

古代的中国,经常因为各个诸侯国之间的纷争而发生战乱。在一次大规模的战争中,一个渔村里的女人不得不经常带着两个女儿和一个儿子东躲西藏。村里很多人都受不了这种折磨,想到了自尽,她得知后就去劝:"别这样呀,没有过不去的坎儿,战争总会停息的。"

她终于等到战争结束那一天,可是她的儿子在那炮火连天的岁月里,由于缺少医药,又极度缺乏营养,因病夭折了。丈夫不吃不喝在床上躺了两天两夜。她流着泪对丈夫说:"咱们命苦呀,可再苦也得过呀。儿子没有了,咱们再生一个,人生没有过不去的坎儿。"

刚刚生了儿子，丈夫又因患水肿离开了人世。在这个打击下，她很长时间都没有回过神来，但最后还是挺过来了，她把三个未成年的孩子揽到怀里，说："娘还在呢。有娘在，你们就别怕。"

她含辛茹苦地把孩子一个个养大，生活也慢慢好了起来。两个女儿嫁人了，儿子也娶了媳妇，她逢人便乐呵呵地说："我说吧，没有过不去的坎儿，现在生活多好呀。"她年纪大了，不能下地干活，就在家里纳鞋底，做衣服，缝缝补补。

可是，上苍似乎没有眷顾这位一生坎坷的妇女，她在照看孙子时不小心摔断了腿，由于家里没有更多的钱请好的大夫、吃更好的药，她每天只有躺在床上。儿女们都哭了，她却说："哭什么呢？我还活着呀。"即便下不了床，她也没有怨天尤人，而是坐在床上做针线活。她的女红非常好，左邻右舍都夸她手艺好，还来跟她学手艺。

她活到85岁，临终前，她对自己的儿女们说："都要好好过啊，没有过不去的坎儿。"

的确，"世上没有过不去的坎儿"。这句话虽然很通俗，但却很形象地给濒临绝望的人以信心。人的一生都在坎坎坷坷中度过。只不过有的人经历多一点，有的人道路平坦一点。

回溯走过的路，今生已经越过多少个坎坷，才走到了现在，就像唐僧历经九九八十一难，最终从西天取回真经。

目前这个坎儿只不过是人生道路上相对而言比较高的一个而已。这样想想，还有什么不能释怀呢？

冰心说："**成功的花，人们只惊慕它现时的明艳！然而当初它的芽儿，浸透了奋斗的泪泉，洒遍了牺牲的血雨。**"

一个真正有成就的人，肯定是在无数次的跌倒后重新站起来的，因为"不经历风雨，怎能见彩虹，没有人能随随便便成功"。

为中华崛起而读书的周恩来即使在最艰苦的环境下，依然努力地充实自己。当时，南开学校是一所国内闻名的先进学校，对学生要求非常严格。学校里的课业负担很重，常有考试，考得不好就会被淘汰或留级，而且学费也很贵。

大气——笑而不答心自闲

生活是这样的艰苦、困难,可是他为中华崛起而学习的意志却十分顽强。他入学后,住宿在学校里,每天起床钟一响,就立刻起床、跑步,保持着在沈阳上小学时锻炼身体的习惯。起初,他英文基础比较差,为了攻克这一难关,他每天把全部课余时间都用来学英文。到第二年,他的英文就相当好了。后来,就能看许多英文原著了。

周恩来的国文成绩特别好,学校每两星期做一次作文,周恩来的文思敏捷,提笔作文一气呵成。1916年学校举行的作文比赛,他被评为全校第一名。他的数学成绩也很好,在笔算速赛中,他是48名最快者之一,代数得满分,心算比别人笔算还快。除了课堂学习,他在课外还读了许多书报,尤其喜欢读革命派创办的《民权报》《民生报》以及当时中外进步思想家的著作。所以他的知识丰富,眼界开阔,思想活跃。有一次,他在书店看到了一部精印的《史记》,就毫不犹豫地掏出伙食费买下,如饥似渴地阅读起来。

由于他勤奋苦学,品学兼优,使全校师生十分钦佩。校长称他为南开最好的学生,同学都说他在万苦千难中创造出了优异的成绩。后来,经老师建议,学校破例免去了他的学杂费,周恩来成了全校唯一的免费生。1917年6月,周恩来以全班第一名的优异成绩毕业了。他在南开学校4年,把自己锻炼成为一个追求进步、品学兼优、多才多艺的青年。

孟子说:"天将降大任,于是人也,必先苦其心志,劳其筋骨,饿其体肤,空乏其身,行拂乱其所为,所以动心忍性,增益其所不能。"不经历一次次摔跤和一次次跌倒,人怎么能长大? 摔跤也是一种幸福,风雨正是彩虹的前兆!

有位哲人曾说:**"人生的棋局,只有死亡才算结束,只要生命还存在,就有挽回败局的可能。"**生活的好与坏,是一种心境,只要你快乐达观地面对,即使眼前是寒冬中的雨雪霏霏,你也可以看到一缕暖暖的阳光,看到冬天过后春风中所有的鲜花盛开、一片姹紫嫣红的景象;即使饱受饥饿,你也可以看见一块块香甜的面包,暖暖的、甜甜的,给予你希望和活力。

《真心英雄》这首歌曾经红极一时,歌中唱道:**"把握生命里的每一分钟,全力以赴我们心中的梦,不经历风雨,怎么见彩虹,没有人能随随便便成功。"**是的,每一个人不论是学业有成还是事业有成,在他成功的背后全是艰辛,一路坎坷走来,最后才到达了"胜利之峰"。

年轻人，你还在因为自己怀才不遇而垂头丧气，一蹶不振吗？你还在因为爱情的消逝而颓废吗？**"自古逢秋悲寂寥，我言秋日胜春朝"**。你应该拥有乐观向上的精神，在寒风凛冽的日子也能感受到阳光的存在，折磨与逆境并不可怕，只要你充实、认真地过好每一天，你的世界就没有阴暗、潮湿的角落，成功离你也并不遥远！

心灵悄悄话

　　走在人生的道路上，往往会遇到种种困难，或许有一天挡在你面前的是一道你以为不可能跨越的坎儿。有人面对眼前的困境选择了勇敢面对，而有的人却选择绕道而行。而看看第一种人，若是跨不过去也只不过和第二种人的结局一样，若是跨过去了那就是最大的胜利，就是重生，就是给了自己第二次生命。

大气——笑而不答心自闲

不屈服于命运

面对不幸,如果屈服于命运,自卑于命运,并企图以此博取别人的同情,这样的人只能永远躺在自己的不幸中哀鸣,不会有站起来的一天。如果有一天他们能够振作起来,依靠自己的劳动生存,培养自己坚韧的品格,那么,展现在他们面前的很可能就是一种截然不同的局面。

生命遭遇不幸,这是来自上天的考验。不屈服于命运的人,会在这残酷的变故中变得坚强,变得大气,变得豁达。

美国的商业家威尔逊,是从一个普普通通的事务所小职员做起的,经过多年的奋斗,终于拥有了自己的公司,并且受到了人们的尊敬。

有一天,威尔逊从他的办公楼里走出来。刚走到街上,就听见身后传来"嗒嗒嗒"的声音,那是盲人用竹竿敲打地面发出的声响。威尔逊愣了一下,缓缓地转过身。

盲人感觉到前面有人,连忙打起精神,上前说道:"尊敬的先生,您一定发现我是一个可怜的盲人,能不能占用您一点点时间呢?"

威尔逊说:"我要去会见一个重要的客户,你要什么就快说吧。"

盲人在一个包里摸索了半天,掏出一个打火机,放到威尔逊的手里,说:"先生,这个打火机只卖1美元,这可是最好的打火机啊。"

威尔逊听了,叹口气,把手伸进西服口袋,掏出一张钞票递给盲人:"我不抽烟,但我愿意帮助你。这个打火机,也许我可以送给开电梯的小伙子。"

盲人用手摸了一下那张钞票,竟然是100美元!他用颤抖的手反复抚摸着钱,嘴里连连感激着:"您是我遇见过的最慷慨的先生!仁慈的富人啊,我为您祈祷!上帝保佑您!"

威尔逊笑了笑,正准备走,盲人拉住他,又喋喋不休地说:"您不知道,我并不是一生下来就瞎的,都是二十三年前布尔顿的那次事故!太可怕了!"

威尔逊一震，问道："你是在那次化工厂爆炸中失明的吗？"

盲人仿佛遇见了知音，兴奋得连连点头："是啊，是啊，您也知道？这也难怪，那次光炸死的人就有93个，受伤的人有好几百，可是头条新闻哪！"盲人想用自己的遭遇打动威尔逊，争取多得到一些钱，便接着可怜巴巴地说道："我真可怜啊！到处流浪，孤苦伶仃，吃了上顿没下顿，死了都没人知道！"他越说越激动："您不知道当时的情况，火一下子冒了出来！仿佛是从地狱中冒出来的！逃命的人群都挤在一起，我好不容易冲到门口，可一个大个子在我身后大喊：'让我先出去！我还年轻，我不想死！'他把我推倒了，踩着我的身体跑了出去！我失去了知觉，等我醒来，就成了盲人，命运真不公平啊！"

威尔逊冷冷地道："事实恐怕不是这样吧？你说反了。"

盲人一惊，用空洞的眼睛呆呆地对着威尔逊先生。

威尔逊一字一顿地说："我当时也在布尔顿化工厂当工人，是你从我的身上踏过去的！你长得比我高大，你说的那句话，我永远都忘不了！"

盲人站了好长时间，突然一把抓住威尔逊，爆发出一阵大笑："这就是命运啊！不公平的命运！你在里面，现在出人头地了；我跑了出去，却成了一个没有用的盲人！"

威尔逊用力推开盲人的手，举起了手中一根精致的棕榈手杖，平静地说："你知道吗？我也是一个盲人。你相信命运，可是我不信！"

同是遭遇了不幸，有的人以乞讨为生，有的人却能出人头地，这就在于一个人是否具有顽强坚韧的性格，是否能够用自己的意志力战胜不幸，执着地为自己的明天而努力。

面对生活，开朗豁达是一个人终生的财富，是取得成功的必要条件之一。 在这种性格的影响下，一个人才能为自己的未来不断努力，才更容易接近自己所要寻找财富的目标，并最终拥有这些财富和事业上的成功。

1923年，雷石东出生在美国波士顿一个清贫的犹太人家庭；17岁就读于美国哈佛大学；20岁被选拔服兵役，从事破译日军电报密码工作；31岁时，他放弃了给他带来丰厚收入的律师事务所工作，开始了第一次创业，经营"国家娱乐有限公司"；几十年后，他积累了5亿美元的财富。

然而，在他56岁的时候却发生了一场不幸。在参加华纳兄弟公司的一个聚会时，他在酒店遭遇了一场火灾。火灾中，雷石东身体45%的皮肤被大火烧伤，右手腕也几乎脱离了身体。对于一个56岁的人而言，生存俨然成为一个严峻的问题。但是，雷石东凭借着自己坚韧不拔的意志，与死神展开了激烈的搏斗并最终获得了胜利，度过了生命中最艰难的岁月。

63岁时，雷石东二次创业收购了维亚康母公司；70岁时，收购了派拉蒙电影公司；76岁时，收购了哥伦比亚广播公司；78岁时，被《福布斯》评为全球排行第18位的富豪；2005年，82岁的他还管理着全球最大的传媒娱乐公司，并且积极地进军中国传媒市场，为事业发展再攀高峰。

雷石东的成功并不是偶然的，在他充满不幸的人生经历中，我们可以看得到他用顽强的意志战胜生命中的阴暗，并且凭借坚韧不拔的性格在失去一切之后再次开创了自己的美好人生，为自己创造更大的财富。

总之，每一个想要成功的人，都应该向那些能够战胜自己命运的成功者学习，培养自己顽强的意志，拥有坚韧不拔的性格，这样人生的黑夜终将过去，从此迎接你的是美好的明天。

心灵悄悄话

如果面对自己的不幸，屈服于命运，自卑于命运，并企图以此博取别人的同情，这样的人只能永远躺在自己的不幸中哀鸣，不会有站起来的一天。如果有一天我们能够振作起来，依靠自己的劳动生存，培养自己坚韧的品格，那么，展现在我们面前的很可能就是一种截然不同的局面。

在遇到突发事件时

生活中，我们经常要遇到各种突发情况，而且很多紧急事件是之前做梦也不会想到的。为了在这种突发情况下能够临危不乱，在关键时刻能够沉住气，瞬间厘清思路并妥善地处理问题，我们平时就要多注意培养自己冷静并且自制的能力。客观地讲，**在突发事件下保持冷静并且自制是一种十分难以练就的处事本领，也是难以养成的成功习惯之一。但是，只有具备了这种能力，才能抓住成功的机会。**

齐达内是历史上最伟大的足球运动员之一。他一生的成就足以载入任何一本关于足球的史册。但是由于他没有足够好的遇突发情况保持冷静的能力，最终没有一个好的生涯终结，就在 2006 年世界杯决赛的最后一刻，让所有人至今都难以忘怀。

在 2006 年世界杯决赛场上，在比赛进行到 110 分钟的时候，代表法国队征战的队长齐达内在比赛难分难解的情况下，因为意大利球员马特拉奇所说的话侮辱了齐达内的母亲和姐姐，使他感到十分愤怒，索性用头直接顶向对手的胸膛，而狡猾的马特拉齐顺势倒向地面。这一行为被当时在旁边的助理裁判看得清清楚楚，而可怜的齐达内随之被主裁判伊利宗多出示红牌直接罚下。在齐达内进入休息室的一瞬间，这位一生辉煌的老将的背影成了世界杯上最令人动容的历史景头之一。当时全场一片哗然，全世界电视观众大都被惊得说不出话来，而没有了齐达内的法国队丧尽优势，最后也被意大利队成功地击败，遗憾地丢掉了本可以到手的大力神杯。

齐达内的遗憾以最悲情的方式告诉我们：遇突发事件，冷静并且能够自制是多么重要。其实，**很多时候阻止成功的最大敌人是我们自己**，正是由于**缺乏对自己情绪的控制，缺乏冷静思考的能力，会把许多来之不易、稍纵即逝的机会白白浪费掉。**比如，在感到愤怒时不能遏制怒火而乱发脾气，这会使周围的合作者望而却步；在情绪消沉时随意放纵自己的萎靡不振，会使你错过许多的成功良机。

泰山压顶亦要从容应对。 在通往成功的道路上，很多时候我们会碰到意想不到的突发事件，在这种时候无论如何必须控制你的情绪，懂得自制。能够在突发事件下沉住气，主动控制情绪并且引导自己的情绪的人，是真正具备成功素质的人，这样的人怎么会不成功呢？

心灵悄悄话

生活中，我们为了在这种突发情况下能够临危不乱，在关键时刻能够沉住气，瞬间厘清思路并妥善地处理问题，平时就要多注意培养自己冷静并且自制的能力。客观地讲，在突发事件下保持冷静并且自制是一种十分难以练就的处事本领，也是最难养成的成功习惯之一。但是，只有具备这种能力，才能抓住成功的机会。

勇敢的心可以穿越沼泽

当我们在生命中不停地向前时,应当积极利用信仰的力量来影响我们的生活,让一切变得更好。

当希望自己的信仰发挥作用时,我们首先要确定两点:一是弄清楚自己想要什么;二是让自己热爱自己想要的东西,让那些美好的事物牢牢地印在自己的脑海中,就像水手牢记他的船将要驶向的海港,就像舵手专注于手中的指南针一样。

我们应坚定地相信,那一切已经属于我们。眼下,我们所要做的就是走过去将那些属于我们的东西拿过来。事实往往也确实如此,那些我们一开始就从心理上渴望的东西,到最后可能真的会被我们拥有。

当巴尼斯从新泽西州的奥伦芝的货运列车上爬下来时,他看上去就像一个无业游民。他从车站径直奔向爱迪生的办公室,在这短短的路途中,他不断地想象自己站在爱迪生的面前,听见自己要求爱迪生给他一个机会,以实现他一生着了迷似的强烈愿望——做这位伟大发明家的商业伙伴。

很明显,巴尼斯的想法并不是一个单纯的希望,也不是一种祈求,而是一个坚定不移的意念,是一种炽热的欲望。这个欲望是那么明确,甚至凌驾于一切烦恼与痛苦之上。

在前往奥伦芝时,他没有对自己说:"我要劝说爱迪生给我一个工作。"他想的是:我要见爱迪生,并且告诉他,我来是要做他事业上的伙伴的。他也没有想:我也要关注其他机会,以防在爱迪生那得不到我所要的工作。他只告诉自己:"在这个世界上,只有一样东西是我决心得到的,那便是和爱迪生在事业上的合作。我要用我的全部力量去获得我所要的东西。"

他不给自己留下一点后路,他知道自己必须成功,这就是巴尼斯成功的全部方法。

这是一个由明确的意念产生力量的证明。巴尼斯达到了目标,是因为他什么都不要,只要做爱迪生的合作伙伴。他坚持着自己的意念,直到这意念变成了事实为止。

我们可以将这种意念理解为欲望。合理的欲望从来都是值得推崇的,它是开拓命运的力量,有了强烈的欲望,我们就容易成功。如果不想再过贫穷的日子,那么我们就要有创富的欲望,并让这种欲望时时刻刻鞭策自己、激励自己,让自己向着这一目标坚持不懈地前进。

我们最大的力量就在自己心中,那便是勇气。

一个永不丧失勇气的人是永远不会被打败的。就像弥尔顿所说:"即使土地丧失了,那有什么关系?即使所有的东西都丧失了,但不可被征服的意志和勇气是永远不会屈服的。"如果我们以一种充满希望、充满自信的精神从事工作,如果我们期待着自己的伟业,并且相信自己能够成就这番伟业,那么我们展现出的勇气是任何艰难都不能阻挡的。这样,我们遇到的任何失败都只是暂时的,我们最终必将取得胜利。

相反,如果觉得自己非常渺小,认为自己是一个微不足道的人,并且不相信自己可以出色地完成任务,那么我们就会限制自己可能达到的人生高度。自我贬低和害羞怯懦不但阻止了自己的进步,而且严重损害了自己的整个职业生涯,甚至还会损害到自己的身体健康。

生命是百宝箱,里边有各种财宝可以挖掘,如果想跟生活打交道,我们必须学会使用勇气的钥匙。只有用百倍的勇气来同生活抗争,我们才能从生命的百宝箱里尝到甜头。

心灵悄悄话

我们的才华、我们的潜力、我们的前程,如果没有胆量的推动,就很可能只是镜花水月,可以望见,却无法触摸。如果我们在心中诚挚而又坚韧地相信,并描绘自己如愿以偿的幸福画面,那么一切梦想便真的会实现,眼前的困境与挫折也会很快过去。

命运之门向你敞开

人生中会有很多比赛,一次失利,并不代表永远,一方面失败,也不能代表全部。**如果发现自己真的是走到了人生的"瓶颈",也不要惊慌,因为在失败的路口还会有另外的契机。**

失败,就如一杯苦酒,如果你沉溺其中,只能是苦不堪言,但是如果你能够放下它,就会发现,在你的手边,不乏甘甜的美酒。

蒲松龄,清代杰出的文学家、小说家,创作出著名的文言文短篇小说集《聊斋志异》,成就不能说不大。但是,他却有四次参加举人会考都落第的经历。

看到仕途之路走不通,他便放弃了"科考"这条路,选择了著书立说。他立志要写一部"孤愤之书"。他在压纸的铜尺上镌刻了一副著名的对联:

有志者,事竟成,破釜沉舟,百二秦关终属楚;

苦心人,天不负,卧薪尝胆,三千越甲可吞吴。

蒲松龄以此自敬自勉。后来,他终于写成了这部文学巨著——《聊斋志异》,自己也成了千古流芳的文学家。

蒲松龄虽然科举落第,与仕途无缘,但他找到了成就自己的另一个方向。在这条新开辟的道路上,他取得了成功,也为后人留下了宝贵的精神财富。

大气的人都是如此,他们很清楚一次失败并不能定终生,所以,他们不会沉溺于失败而不能自拔,而是去积极寻求另一个成功的契机。

有个泰国企业家,玩腻了股票后,转而去炒作房地产。他把所有的积蓄和银行贷款全部投资在曼谷郊外一个备有高尔夫球场的15幢别墅里。没想

大气——笑而不答心自闲

到,别墅刚刚盖好就遇上了亚洲金融风暴,别墅一间也没有卖出去,不仅挣钱计划成了泡影,连贷款也无法还清。

他只好眼睁睁地看着别墅被银行查封拍卖,自己甚至连安身的居所也被拿去抵押还债了。

情绪低落的企业家,完全失去斗志,他怎么也没料到,从未失手的自己,居然会陷入如此困境。

一开始他是承受不起此番沉重打击的,他接受不了现在的失败,更加不能忘记以前所拥有过的辉煌。他每天都被痛苦折磨着。不过,他并没有就此消沉下去,而是在失败的终点发现了另一个契机。

有一天,他坐在早餐店里,忽然灵光一闪,想起太太亲手做的美味三明治,他精神为之一振,一个新的想法在脑海中诞生了。他把想法告诉太太,太太非常支持。

从此,在曼谷的街头,每天早上大家都会看见一个头戴小白帽,胸前挂着售货箱的小贩,沿街叫卖三明治。一个昔日的亿万富翁,今日却沿街叫卖三明治,很多人会感觉到难堪,觉得自己张不开口,抬不起头,但是这位企业家却不这么认为。他不会用过去的辉煌为自己打造枷锁,他想到的是,如何把这件事情干好,如何东山再起,再造昔日的辉煌。这就是不同于常人的一种大气量。

果然,由于他的坚持和自信,购买他的三明治的人越来越多。这些人中有的是出于好奇,也有的是出于同情,当然更多人是听说三明治的口味独特,慕名而来。

从此,三明治的生意越做越大,这位企业家很快地走出人生困境,又重新获得了人生的春天。

这个企业家名叫施利华。几年来,他以不屈不挠的奋斗精神,获得泰国人民的尊重,后来被评选为"泰国十大杰出企业家之首"。

一扇命运之门关闭,随之会有另一扇向你敞开。不要在关闭的门前叹息悔恨,空耗时间。退步抽身,改向前而行,你会发现在另一扇门内有着更美的景致等着你去涉足。施利华的经历恰好说明了这一点!

所以,奉劝那些因失败而情绪低落的人:不要终日想着那些不幸的经历和已经错误的路途,它们只会越来越加剧你的伤痛,如此沉沦下去,只会让你对未来的看法越来越沉重，越来越黑暗，越来越可怕。忘掉它们，把它们从记忆中逐出。曾经的辉煌已经过去，眼前的失败也不要让它驻足，在失败的关头，不要做无谓的叹息，睁大眼睛，努力寻找新的契机，开始新的生活，创造新的辉煌。

心灵悄悄话

失败，就如一杯苦酒，如果你沉溺其中，只能是苦不堪言，但是如果你能够放下它，就会发现，在你的手边，不乏甘甜的美酒。真的，大气一点，要知道，人生中会有很多比赛，一次失利，并不代表永远，一方面失败，也不能代表全部。如果发现自己真的是走到了人生的"瓶颈"，也不要惊慌，因为在失败的路口还会有另外的契机。

大气——笑而不答心自闲

生活拒绝抱怨

人们常遇到的事有两件,即可以改变的事和不能改变的事。**可以改变的事我们一般能坦然面对,而不能改变的事却习惯于采用抱怨的态度来面对**。对生活的抱怨我们在许多场合中都能听到。

有一对夫妻结婚后天天闹矛盾,最后去见大名鼎鼎的心理学家米尔顿·艾立克森。艾立克森听罢双方的抱怨,说了一句话:"你们当初结婚就是为了这无休无止的争吵抱怨吗?"那对夫妻听了顿时无语。据说后来重新恩爱似蜜。停止无休无止的争吵抱怨,勇敢地面对生活中的困难挫折,才可以帮助你战胜困难。

抱怨是人性中的一种自我防卫机制,要完全断绝的确很难。如果你觉得自己根本无法做到停止抱怨,那么至少应该在抱怨的时候提醒自己,这个抱怨只是暂时的出气宣泄,可做心灵的麻醉剂,但绝不是心灵的解救妙方。一个真正超越红尘琐碎的开悟者,第一要达成的境界就是停止抱怨。面对一切的误解、攻击、诋毁、赞誉、过奖,开悟者都能做到以开放的心坦然承受。古人道"无云生岭上,有月落波心",那就叫"不畏红尘遮望眼,月轮穿沼水无痕"。

生活中不要抱怨工作不好,不要抱怨待遇不高,不要抱怨怀才不遇。生活就像一个熔炉,在这个熔炉中,有人因为烈火而变得不堪一击,有的人则因为经过烈火的考验而更加坚强。

要知道,这个世界上的人太多、爱太少、苦难忍、钱难赚,很多人都觉得活得累,于是抱怨便成了最方便的出气方式。

出门在外的时候,人们一直在说不可以将自己的怨气传染给别人,正是因为这样的原因,许多人把在外面所忍受的怨恨带回家,但家应该是一个人累了时的港湾,而不应该是你抱怨的地方。而且你回到家,抱怨了又能怎样呢? 或许可以让你发泄一时的愤怒,但抱怨能够让你解决问题吗? 不能,有时甚至有将问题恶化的可能。回到家就抱怨,会让本来开心的家庭因为你的抱怨,而让家中所有的人都变得不开心。何必呢? 如果说抱怨可以让你的问题得以解决的话,家人可能会很乐意听你的抱怨。当你不停地对家人抱怨时,就会让家人不再愿意回家,就会让家人都很讨厌你,而你自己也会整天不耐烦。

　　女儿对父亲抱怨,抱怨事事都那么艰难。她不知该如何应对生活,想要自暴自弃。她已厌倦抗争和奋斗,好像一个问题刚解决,新的问题便会马上出现。

　　她的父亲是位厨师。父亲把她带进厨房。

　　他先分别往三只锅里各倒入一些水,然后把三只锅分别放在旺火上烧。不久锅里的水烧开了。他往第一只锅里放了些胡萝卜,第二只锅里放进一只鸡蛋,最后一只锅里放入咖啡粉。最后将它们放入开水中煮,整个过程父亲一句话也没有说。

　　女儿咂咂嘴,不耐烦地等待着,纳闷父亲在做什么。20分钟后,父亲把火关掉,把胡萝卜捞出来放入一个碗内,把鸡蛋捞出放入另一个碗内,然后又把咖啡舀到一个杯子里。做完这些后,他才转过身问女儿:"亲爱的,你看见什么了?"

　　"胡萝卜、鸡蛋、咖啡。"她回答。

　　父亲让她靠近些并让她用手摸摸胡萝卜。她摸了摸,注意到它们变软了。父亲又让女儿拿起鸡蛋并打破它。将壳剥掉后,女儿看到的是一只煮熟的鸡蛋。最后,父亲让她喝了咖啡。品尝到香浓的咖啡,女儿笑了。她怯生生地问道:"爸爸,这意味着什么?"

　　父亲解释说:"这三样东西面临同样的逆境:煮沸的水,但其反应各不相同。胡萝卜入锅之前是强壮的、结实的,毫不示弱,但经开水的洗礼之后,它变软了,变弱了。鸡蛋原来是易碎的,它薄薄的外壳保护着它呈液体的内部,但是经开水一煮,它的内部却变硬了。而咖啡粉则很独特,进入沸水之后,它们倒改变了水。"然后,他问女儿,"哪个是你呢? 当逆境找上门来时,你该如何反应? 你是胡萝卜,是鸡蛋,还是咖啡粉?"

大气——笑而不答心自闲

不要抱怨生活给你得太少！**当你哭泣自己没有鞋子穿的时候，你会发现还有人没有脚。**

珍惜所拥有的，命运需要自己去创造，需要自己去呵护，每个人都能创造出人生中最美丽的风景！

有这样一个故事：

一对年轻的夫妇，见爷爷老了，手总是抖，以至于吃饭的时候总是把碗打碎，而且他已经老到什么都不能做了。这对年轻的夫妇总是不停地抱怨，"你能不能小心点啊？""你能不能有点用，做点事啊？"在这样的抱怨中，这位老爷爷的手就抖得更厉害了，最后那对年轻的夫妇决定给他做一个木碗，让他坐到厨房里去吃那些残羹剩菜。小孩看到这些，听到这些，也找来木头雕一木碗，说："你们也会老啊，我给你们先做好。"

这就是父母在孩子面前抱怨的结果，就是因为这对夫妻忍不住抱怨，受不了养一个不能再做事的老人，但正是这样的老人让他们长大，让他们有了现在这样幸福的生活，如果现在就因为他的年迈否认他以前的一切，而不断地抱怨，最终让孩子也在这样的抱怨下成长。

这样的抱怨，能够解决什么问题吗？因为你的抱怨，老人就可以变年轻吗？因为你的抱怨，你就可以放弃赡养老人的责任吗？不可以！有效的办法是停止抱怨，善待自己的家人。

生活中，与所有人一样，我们有智慧，有抱负，也有决心。唯一的也是本质不同的是成功者没有抱怨。他们知道自己的劣势与不足，所以他们能够有效而且努力地改正自己的缺点，弥补自己的不足，而人生的新貌也正是他们努力的结果。而失败者却在抱怨中坠入失败的轮回。

假如有一天你身处逆境、危难重重，请不要抱怨。面对不幸，面对困难，你应该学会勇敢和坚强，发现自己的缺点，并努力改正。你要相信，机遇总是偏爱那些有准备的人的。

人生拒绝抱怨。抱怨是无济于事的，不利于解决问题，而且还会使问题变得更加复杂和更加消极。经常抱怨，很可能招致他人的反感和厌恶，并极易使自己沦为负面情绪的奴隶，进而遮住人生灿烂的阳光，阻断我们事业辉煌的道路。在过多的抱怨之后，爱抱怨的人会觉得生活越来越不如意，处处跟自己作对。很少有人在面对困难、挫折、不幸、逆境时，首先想到自己陷入困境是自己的缺点或是自己做得不好所造成的。只有很少的一部分人，他们知趣，他们会吸取教训，然后努力弥补因为自己的过失或是不小心而造成的损失。他们从来不怨天尤人，所以他们的生活尽管还会经历挫折和困境，但他们生活得很快乐，也很有滋味。

心灵悄悄话

抱怨是人性中的一种自我防卫机制，要完全断绝的确很难。如果你觉得自己根本无法做到停止抱怨，那么至少应该在抱怨的时候提醒自己，这个抱怨只是暂时的出气宣泄，可做心灵的麻醉剂，但绝不是心灵的解救妙方。一个真正超越红尘琐碎的开悟者，第一要达成的境界就是停止抱怨。

大气——笑而不答心自闲